MANUEL

DU TEINTURIER,

SUR FIL ET SUR COTON FILÉ.

MANUEL DU TEINTURIER,

SUR FIL ET SUR COTON FILÉ;

Ouvrage qui renferme un grand nombre de Procédés nouveaux, et dans lequel on traite spécialement, et dans le plus grand détail, de tout ce qui concerne la Teinture du coton en rouge dit des Indes ou d'Andrinople :

Par J.-B. VITALIS,

Docteur ès-Sciences de l'Université Impériale ; Professeur des Sciences Physiques, au Lycée de Rouen ; Professeur de Chimie appliquée aux Arts ; Secrétaire perpétuel de l'Académie des Sciences, Belles - Lettres et Arts de Rouen, pour la Classe des Sciences ; Membre de plusieurs Académies et de plusieurs Sociétés savantes.

Multa paucis.

A ROUEN,

Chez MÉGARD, Libraire, successeur de N. LABBEY, rue Beauvoisine, n°. 88.

1810.

INTRODUCTION.

Pour peu que l'on réfléchisse sur les opérations de l'Art de la Teinture , il est aisé d'appercevoir la liaison intime qui règne entre les procédés de l'Art et les principes de la Chimie. L'extraction des parties colorantes , l'application de ces mêmes parties aux étoffes , soit immédiatement , soit à l'aide des mordants , n'ont lieu qu'en vertu de certaines attractions dont le jeu dépend d'une théorie souvent très-délicate.

La teinture ne deviendra donc véritablement un art , qu'autant que ceux qui l'exercent auront des idées exactes sur la nature des agents , ou , comme on dit dans les ateliers , des *ingrédients* qui servent pour teindre ; qu'autant qu'ils connoîtront parfaitement la proportion dans laquelle il convient de les employer, le temps que doit durer leur action, les effets du calorique sur les bains colorants, l'influence de l'air, de la lumière et de toutes les causes en général, qui changent, altèrent ou détruisent les couleurs.

Le savant et respectable Berthollet est le premier qui ait entrepris de ranger tous les phénomènes de la teinture sous les lois de la chimie, et de soumettre la pratique aux règles de la théorie. Mais combien ses éléments de l'Art de la Teinture auroient été plus utiles encore, si leur illustre Auteur, au lieu de réunir, dans un seul corps d'ouvrage, toutes les branches de l'Art, les eût présentées, chacunes en particulier, à l'attention des teinturiers?

Les ouvriers ne consultent guère que les livres qui traitent spécialement de la partie dont ils s'occupent; des ouvrages, excellents d'ailleurs, et où ils pourroient trouver des instructions précieuses, cessent de les intéresser du moment où ces instructions se trouvent confondues avec des principes étrangers à leur profession.

Voilà pourquoi l'ouvrage de Scheffer, quoique commenté par le célèbre Bergman, n'est guère connu que des savants. Par une raison contraire, la *téinture des laines*, de Hellot, *l'art de peindre et d'imprimer les toiles*, sont entre les mains de tous ceux qui teignent les laines, ou qui impriment des toiles, quoique ces deux ouvrages aient déjà commencé à vieillir.

Chargé par le Gouvernement d'enseigner, à Rouen, les principes de la chimie, dans ses rapports avec les applications nombreuses qu'on peut en faire aux Arts, j'ai crû devoir porter une attention particulière sur l'art de teindre le coton filé; art qui constitue une des principales branches de l'industrie dans le Département de la Seine-Inférieure.

L'ouvrage que je présente ici n'est que l'analyse des leçons publiques que je donne, à Rouen, depuis cinq ans, sur cette partie de la teinture, à la suite de mon cours de chimie générale. Les raisons que j'ai exposées plus haut, m'ont déterminé à en retrancher tout ce qui a rapport à la teinture des laines, de la soie et des velours, et à l'impression des toiles.

Le titre seul de l'ouvrage indique assez le but que je me suis proposé. Mon dessein est de rappeller, en peu de mots, aux teinturiers sur fil et sur coton filé, les principes de leur art, et de leur faire connoître les meilleurs procédés à suivre, pour donner au coton les couleurs tant simples que composées.

Le Manuel du teinturier sur coton filé, se divise donc naturellement en deux parties.

Dans la premiere , j'examine tous les agents avec lesquels le teinturier sur coton filé doit se familiariser, en quelque sorte , s'il veut exercer son art avec intelligence, et par conséquent avec succès. En signalant les sophistications et les altérations dont ces agents sont susceptibles, j'ai soin de donner les caractères auxquels on peut les reconnoître , et les moyens de ramener ces substances à l'état de pureté qu'elles doivent avoir , toutes les fois du moins que la chose est possible.

Quoique cette partie appartienne toute entière à la science, les ouvriers n'auront pas, je crois, à me reprocher de leur avoir parlé une langue qui leur soit étrangère. Ne pouvant les élever avec moi à toute la hauteur des principes, j'ai tâché de me mettre à leur portée , en me rapprochant, autant qu'il m'a été possible , du cours ordinaire de leurs idées , sans compromettre toutefois les droits de la science.

La seconde partie du Manuel contient les meilleurs procédés que je connoisse pour teindre le fil et le coton filé.

Quoique ces procédés soient très-nombreux, il n'en est pas un seul que je n'aie exécuté moi-même, un grand nombre de fois, soit dans mes travaux particuliers, soit dans mes cours publics, en présence des élèves et des teinturiers qui me font l'honneur d'y assister. En répétant les procédés avec l'exactitude que je recommande, on pourra être certain du succès, et je ne crains point de le garantir d'avance.

Parmi les procédés que j'offre ici, il en est un grand nombre qui m'appartiennent en propre. Tels sont, entr'autres, les procédés pour teindre le coton en noir, lilas, violet, palliacat, brun, marron, gris, olive, etc. au moyen du pyrolignite de fer ; et la méthode de teindre le coton en un superbe jaune doré, par l'écorce et les jeunes pousses de peuplier.

Les couleurs que l'on tire des bois de Fernambouc et de Campêche, n'avoient, avant mes expériences, ni la beauté, ni la solidité que je suis parvenu à leur donner. Aussi les échantillons que j'ai présentés ont-ils eu l'honneur d'être admis à l'exposition publique de 1806.

J'ai insisté particulièrement sur la teinture du coton en rouge dit des Indes ou d'Andrinople. Peut-être trouvera-t-on que j'ai répandu quelque lumière, et porté quelque amélioration dans ce genre de teinture si important pour nos fabriques françaises.

A la suite du procédé du rouge d'Andrinople, j'ai placé la manière d'obtenir les couleurs de grand teint qui se font par un procédé analogue, telles que le cerise, le rose, le palliacat, le mordoré, les violets et les lilas de toutes nuances, le giroflée, etc. En comparant mes opérations avec tout ce qui a été publié à ce sujet, on verra

combien elles en diffèrent par la simplicité
dans la marche, l'économie dans les moyens,
la certitude dans les résultats, la richesse et
la solidité dans les couleurs.

MANUEL DU TEINTURIER;

SUR FIL ET SUR COTON FILÉ.

PREMIÈRE PARTIE.

DES AGENTS EMPLOYÉS DANS LA TEINTURE SUR FIL ET SUR COTON FILÉ.

L'ART de teindre, en général, a pour objet d'extraire les parties colorantes que peuvent lui fournir les minéraux, les végétaux ou les animaux, et de les appliquer le plus solidement qu'il est possible sur les substances à teindre.

Or, on chercheroit vainement à produire ces deux effets, si l'on n'a pas une idée exacte des causes qui servent à les déterminer.

Ces causes résident dans l'action et la réaction réciproques de diverses substances auxquelles on donne, dans les ateliers, le nom

A

d'ingrédients. Nous allons faire connoître tous ceux dont on peut avoir besoin pour teindre le fil et le coton filé.

SECTION PREMIERE.

DES ACIDES.

Les acides se reconnoissent à leur saveur aigre ; à la propriété qu'ils ont de rougir les couleurs bleues végétales, telles que celles du sirop de violette et de la teinture de tournesol ; à l'effervescence qu'ils produisent avec la craie. Cette effervescence est dûe au dégagement d'un acide qui est le même que celui qui s'échappe du charbon que l'on brûle, et que les chimistes nomment, par cette raison, *acide carbonique.*

Les acides dont on se sert le plus dans le genre de teinture dont il s'agit ici, sont l'acide du soufre ou *sulfurique ;* l'acide du nitre ou *nitrique ;* l'acide du sel marin ou *muriatique,* nommé encore *esprit de sel fumant ; l'acide muriatique oxigéné; l'acide acétique,* ou le vinaigre; *l'acide carbonique,* et *l'acide pyroligneux* qu'on retire du bois par l'action du feu.

CHAPITRE PREMIER.

Acide sulfurique.

L'acide du soufre ou sulfurique, est ainsi nommé, parce qu'il est le produit de la combustion du soufre. Cet acide devient liquide au moyen de l'eau que l'on introduit en vapeurs dans les chambres de plomb ; on le rectifie, et on le concentre ensuite dans de grandes cornues de verre.

Cet acide, lorsqu'il est bien pur, n'a ni couleur ni odeur. Dans cet état de pureté, il marque soixante-six degrés à l'aréomètre ou pese-liqueur de Baumé. Frotté légerement entre les doigts, il produit une sorte d'onctuosité analogue à celle des huiles, ce qui lui a fait donner le nom très-impropre, quoique consacré encore aujourd'hui dans les ateliers, d'*huile de vitriol.*

L'acide sulfurique est quelquefois mêlangé avec l'acide du nitre, ou avec un sel ferrugineux.

On reconnoît que l'acide sulfurique est altéré par l'acide du nitre, quand, chauffé sur de l'indigo en poudre, celui-ci prend une couleur brune, et ne donne point la belle couleur bleue permanente, que le mélange étendu d'eau devroit offrir à l'œil.

On démontre la présence d'un sel ferrugineux, dans l'acide sulfurique, lorsqu'après l'avoir étendu de quatre ou cinq fois son poids d'eau, on y verse quelques gouttes de *prussiate de potasse* en dissolution (1) : il se précipite une matiere d'une belle couleur bleue.

L'acide sulfurique exposé à l'air, en attire l'humidité, et il prend en outre une couleur fauve, brune et même tout-à-fait noire : delà la nécessité de conserver cet acide dans des bouteilles bien bouchées.

On est quelquefois obligé de mêler l'acide sulfurique avec l'eau pure. Dans ce mélange, il faut avoir soin de verser l'acide sur l'eau, et non pas l'eau sur l'acide, afin d'éviter une sorte d'explosion qui ne manqueroit pas d'avoir lieu, sur-tout si l'on opéroit sur des quantités un peu considérables. Le mélange doit se faire dans des vaisseaux de plomb, pour prévenir

______

(1) On trouve ce sel chez les apothicaires.

la rupture des vases de verre ou de grès, occasionnée quelquefois par la chaleur forte que produit le mélange.

CHAPITRE II.

Acide nitrique.

Cet acide tire son nom du nitre, duquel on le retire. On le connoît aussi, dans les arts, sous le nom d'*eau forte*.

L'acide nitrique pur est sans couleur ; il a une odeur vireuse qui lui est propre ; il tache en jaune les doigts et toutes les substances animales.

L'acide nitrique du commerce contient toujours de l'acide muriatique. On s'assure de la présence de ce dernier acide, en versant, dans l'acide qu'on veut essayer, quelques gouttes de dissolution d'argent fin par l'acide nitrique pur. Il se fait à l'instant un précipité abondant, en forme de *coagulum*. En employant une quantité suffisante de dissolution d'argent, on parviendroit à purger entierement l'acide nitrique de l'acide muriatique qu'il pourroit contenir.

L'acide nitrique du commerce est le plus souvent à l'état d'acide *nitreux*, par sa combinaison avec une substance aëriforme, que les chimistes nomment *gaz nitreux*. Ce gaz donne à l'acide une couleur jaune plus ou moins forte, mais ne nuit point aux opérations de la teinture.

L'acide nitrique peut être assez concentré pour marquer quarante degrés à l'aréomètre ; mais on ne l'emploie point en teinture à ce degré : on s'en sert le plus souvent à vingt-huit ou trente degrés. On est quelquefois obligé de l'amener à ce degré, en y ajoutant une certaine quantité d'eau de pluie. C'est lorsqu'il est ainsi étendu d'eau, qu'il porte le nom *d'eau forte.*

On doit conserver cet acide dans des bouteilles de verre ou de grès, bien bouchées, parce qu'il se dissipe en vapeurs, et que ces vapeurs sont d'ailleurs dangereuses à respirer.

Chapitre III.

Acide muriatique.

Cet acide est contenu dans le sel marin, ou sel

de cuisine, duquel on le dégage par des procédés chimiques. On le connoît aussi sous le nom d'*esprit de sel*, ou d'*esprit de sel fumant*.

Cet acide est sans couleur lorsqu'il est pur. Il a une odeur que l'on compare à celle de la pomme de reinette. Bien concentré, il marque de vingt-deux à vingt-quatre degrés à l'aréomètre. Il exhale alors desvapeurs ou fumées blanches qui picotent le nez et les yeux, et provoquent la toux et les larmes.

Mêlé avec l'acide nitrique, dans certaines proportions, il constitue un acide mixte, qu'on appelloit autrefois eau régale, et qui est l'acide *nitro-muriatique* des chimistes. Cet acide mixte sert à faire la dissolution de l'étain. Cette dissolution est très-utile, en teinture, dans un grand nombre de cas.

Chapitre IV.

Acide muriatique oxigéné. — Berthollet.

Cet acide, nommé aussi *Berthollet*, du nom du Savant, qui le premier en a indiqué l'usage pour blanchir le coton, le lin et le chanvre, se distingue des autres acides , 1°. par sa couleur jaune-verdâtre ; 2°. en ce qu'il exhale une vapeur suffocante , qui détermine une toux convulsive , et une inflammation de la membrane pituitaire , suivie d'un écoulement analogue à celui qui a lieu dans les *rhumes* qu'on appelle vulgairement *de cerveau* ; 3°. en ce qu'il n'a point une saveur acide, mais âcre et désagréable ; 4°. en ce qu'au lieu de rougir, comme les précédents , les couleurs bleues végétales , il les détruit.

Le pese-liqueur ne peut servir à marquer les degrés de la concentration de cet acide , parce que sa pesanteur spécifique excede à peine celle de l'eau. Avec un peu d'habitude , on estime assez exactement sa force par celle de l'odeur qu'il répand , et on affoiblit sa trop grande énergie, autant que les circonstances l'exigent, en l'étendant d'une certaine quantité d'eau , d'un quart ou d'un tiers, par exemple, de son volume.

En jettant un peu de craie dans le berthollet, on corrige, on détruit même son odeur incommode , mais l'acide perd en même-temps une partie de son action.

C'est en préparant d'abord le coton par des

lessives fortement alkalines, en le plongeant ensuite dans le berthollet, et enfin dans un bain foible d'acide sulfurique, qu'on parvient à blanchir promptement le coton.

Nous ne nous étendrons pas sur les détails de cette opération, parce qu'elle est étrangere à notre objet. On verra en effet que pour donner au coton toutes les couleurs possibles, il suffit de le *débouillir.*

L'acide muriatique oxigéné, détruit, en deux ou trois minutes, les couleurs les plus solides, le rouge des Indes, par exemple : cet acide ne peut donc servir à déterminer le degré de fixité d'une couleur ; mais on peut l'employer utilement pour décolorer des cotons mal teints, afin de pouvoir les teindre de nouveau. Une lessive alkaline, et une immersion dans le berthollet, suffisent pour l'ordinaire.

CHAPITRE V.

Acide acétique, ou Vinaigre.

Cet acide est tellement connu, qu'il seroit inutile de s'étendre sur ses propriétés. Il sert à la préparation des bains de rouille, que l'on remplace avantageusement , et dans tous les cas, par le pyrolignite de fer , ainsi que je le ferai voir dans la seconde Partie.

Le vinaigre existe dans les eaux sûres des amidonniers , ou dans l'eau de son qui a subi la fermentation.

Chapitre VI.

Acide carbonique.

L'acide carbonique tire sa dénomination du charbon ou *carbone* des chimistes , parce que le charbon le fournit abondamment en brûlant. Il se dégage sous la forme d'un fluide aériforme , qui asphixie promptement les animaux qui le respirent.

Cet acide est contenu , mais en très-petite quantité, dans l'air atmosphérique que nous respirons, même sur le sommet des plus hautes montagnes , et éloignées de toute habitation.

Il est dissoluble dans l'eau, et sa dissolution rougit les couleurs bleues végétales foibles.

On ne l'emploie point seul en teinture , mais il entre dans des combinaisons que le teinturier a intérêt de connoître.

Chapitre VII.

Acide pyroligneux.

On obtient cet acide en distillant un bois quelconque. Le hêtre est de tous les bois celui qui en fournit le plus. Il a une couleur rougeâtre, et une saveur acide analogue à celle du vinaigre, mais mêlée d'amertume. Son odeur est empyreumatique et désagréable.

MM. Fourcroy et Vauquelin ont prouvé que l'acide pyroligneux n'étoit autre chose que du vinaigre qui tient en dissolution une certaine quantité d'huile qui, pendant la distillation, passé en même-temps que l'acide.

L'acide pyroligneux ne s'emploie, point seul, mais combiné au fer.

C'est cette combinaison que j'ai substituée avec tant de succès aux bains de rouille ordinaires, ainsi qu'à la couperose verte ; nonseulement dans la teinture du coton en noir, mais encore dans la teinture de la laine, de la soie, du fil ; dans la teinture des velours et dans l'impression des toiles.

Cette combinaison sert encore à la prépa-

ration d'un grand nombre d'autres couleurs,
telles que les gris, les olives, les lilas, les violets, les palliacas, les mordorés, les giroflées,
etc., etc.

~~~~~~~~~~~~~~~~~~~~~~~~~~~~~~

SECTION SECONDE.

DES ALKALIS.

Les alkalis sont des substances très-recon-
noissables à leur saveur âcre, brûlante et
lixivielle; ils sont aussi très-dissolubles dans
l'eau, et ils ont la propriété remarquable de
verdir le sirop de violette.

Les alkalis que le teinturier doit connoître,
sont la potasse, la soude, l'ammoniaque et la
chaux.

CHAPITRE PREMIER.

Potasse.

La potasse dont nous parlons ici, est la potasse *pure*, c'est-à-dire, celle que l'on a débar-
~~~~~~~~~~~~~~~~~~~~~~~~~~~~~~

rassée de toutes les substances étrangères qui se rencontrent dans les cendres des végétaux d'où on l'extrait. Sa couleur est plus ou moins blanche, sa saveur plus ou moins caustique : elle devient tout-à-fait liquide dans un air humide, et elle verdit fortement le sirop de violette.

La potasse pure ou caustique ne s'emploie point en teinture ; elle n'y sert que lorsqu'elle est plus ou moins combinée à l'acide carbonique qui modere son action. Dans son état de causticité, elle attaqueroit les mains des ouvriers, et détruiroit le fil et le coton.

La potasse du commerce, la seule dont on se sert dans les ateliers, est la potasse combinée à l'acide carbonique, et mêlée de quelques sels étrangers à sa nature.

CHAPITRE II.

Soude.

On extrait la soude de certaines plantes *marines,* que l'on brûle, et dont on calcine fortement les cendres. Elle est, comme la potasse, ou pure et caustique, ou combinée à l'acide carbonique, et mêlée de sels étrangers. Il faut donc encore ici distinguer entre la soude pure des chimistes et la soude du commerce. Cette dernière est la seule qui soit employée en teinture. Quoique les propriétés de la soude soient à peu près les mêmes que celles de la potasse, il est des cas, en teinture, où l'emploi de la soude est préférable.

Chapitre III.

Ammoniaque.

L'ammoniaque est une espèce d'alkali que l'on retire du sel ammoniac. Comme les deux précédents, il verdit le sirop de violette, mais il en diffère en ce qu'il n'est jamais à l'état solide.

L'ammoniaque est ou pure et caustique, ou combinée à un acide. On ne l'emploie jamais en teinture dans le premier de ces deux états; mais elle devient utile à cet art lorsqu'elle est combinée à l'acide muriatique, ainsi qu'on le dira dans la suite.

CHAPITRE IV.

Chaux.

On fabrique la chaux en chauffant fortement, dans des fours destinés à cet usage, une pierre qui est formée par la combinaison de la chaux avec l'acide carbonique. La violence du feu dégage l'acide qui se perd dans l'atmosphère, et la chaux reste dans le fond du fourneau.

On dit que la chaux est pure et caustique lorsqu'elle ne contient plus d'acide carbonique. En cet état, elle a une saveur âcre et brûlante ; elle verdit le sirop de violette, mais elle n'en détruit pas la couleur.

Exposée à l'air, elle tombe en poudre, et se combine lentement à l'acide carbonique répandu dans l'atmosphere : on l'appelle alors *chaux éteinte à l'air.*

Une petite quantité d'eau la réduit aussi en poudre fine : c'est la *chaux éteinte à sec.*

Dissoute dans environ 5oo fois son poids d'eau, elle forme ce qu'on appelle l'*eau de chaux.*

L'eau de chaux remplace quelquefois avantageusement les dissolutions de potasse et de soude.

La chaux enleve l'acide carbonique à ces deux alkalis, et on profite de cette propriété pour rendre caustiques ou *mordantes* les lessives de potasse et de soude.

SECTION TROISIÈME.

DES TERRES.

LES terres sont des substances seches, insipides, indissolubles dans l'eau, infusibles au feu. La seule de ces substances que le teinturier ait besoin de connoître, c'est l'*alumine*.

Alumine.

L'alumine est ainsi nommée, parce qu'on la retire de l'*alun*. C'est une terre très-blanche, douce sous le doigt, happant à la langue, et formant avec l'eau une pâte bien ductile,

et

et qui retient toutes les formes qu'on veut lui donner.

L'alumine est un des meilleurs mordants que l'on puisse employer, soit pour fixer les parties colorantes sur les matieres à teindre , soit pour rehausser l'éclat des couleurs.

SECTION QUATRIÈME.

DES MÉTAUX.

On retire de grands avantages de la combinaison de certains métaux avec les acides. Les métaux qui rendent le plus de service sont le zinc, le plomb , l'étain, le fer, le cuivre et l'or. Nous parlerons ailleurs de leurs combinaisons avec les acides.

B

SECTION CINQUIÈME.

DES SELS.

On nomme *sel*, en général, le résultat de la combinaison d'un acide avec un alkali, une terre ou un métal.

La substance combinée à l'acide, porte le nom de *base*.

Dans la combinaison d'un acide avec une base, il peut arriver trois cas.

1°. L'acide peut être uni à la base, de manière que ni la base, ni l'acide ne domine dans la combinaison : le sel qui résulte alors se nomme *sel saturé*.

2°. L'acide peut dominer plus ou moins : le sel est alors *acide* ou *acidule*.

3°. La base peut être en excès : on dit alors que le sel est avec excès de base.

Un sel peut quelquefois s'unir à un ou plusieurs autres sels de base différente, mais formés avec le même acide, et se confondre avec lui dans la cristallisation. On dit alors que le sel est à deux, à trois, etc. bases, suivant le

nombre de ces bases. Ces sortes de sels pourroient s'appeller *sels complexes.*

CHAPITRE PREMIER.

Alun. — *Sulfate acide d'alumine et de
potasse.*

L'alun est un sel tout à-la-fois acide et com-
plexe ; il résulte de la combinaison de l'acide
sulfurique en excès , partie avec l'alumine ,
partie avec la potasse, ce que sa dénomination
chimique exprime parfaitement.

On distingue deux sortes d'aluns : l'alun *na-
turel,* et l'alun *de fabrique.*

Parmi les aluns naturels , qu'on obtient en
lessivant les terres qui le contiennent tout
formé , on a donné de tout temps la préfé-
rence à celui qui nous vient de Rome , sur
ceux que fournissent l'Angleterre, la Suède,
Smyrne, etc., parce qu'il contient moins de sels
étrangers que tous les autres aluns naturels.

Quant aux aluns de fabrique, les manufac-
turiers français ont prouvé qu'ils pouvoient
amener ce sel au même degré de pureté que
le meilleur alun de Rome. Il est donc de l'intérêt et du devoir de tous les teinturiers, de

renoncer entierement à tirer de l'étranger une substance que leurs concitoyens peuvent leur livrer au plus haut degré de pureté , et à meilleur compte. On fabrique aujourd'hui l'alun à Paris , à Rouen , et dans beaucoup d'autres villes de l'Empire.

Il est essentiel pour les couleurs délicates, et sur-tout pour la couleur rouge des Indes, que l'alun ne contienne point de couperose verte avec laquelle l'alun peut s'unir, en formant un sel à trois bases. L'alun ferrugineux donne au rouge d'Andrinople une teinte rembrunie qui gâte la couleur.

On reconnoît la présence de la couperose dans l'alun, en versant, dans sa dissolution, quelques gouttes de prussiate de potasse, qui y forme sur-le-champ un précipité bleu , plus ou moins intense , suivant l'abondance du sel ferrugineux.

On débarrasse l'alun de la couperose , en le faisant dissoudre dans cinq ou six fois son poids d'eau bouillante, et en laissant ensuite refroidir la dissolution. Les cristaux fournis par le refroidissement, ne contiennent plus de couperose; celle-ci reste dans les eaux qui surnagent les cristaux.

Il est aussi quelquefois nécessaire de corriger l'excès d'acide que l'alun porte toujours
avec lui. On y parvient en faisant fondre une
partie de soude sur seize parties d'alun.

Dans les ateliers de rouge des Indes, on sature
l'alun, en versant un seau d'eau de soude à quatre
degrés, cinq tout au plus, sur seize seaux de
dissolution chaude d'alun. Dans ce mélange il
y a une effervescence produite par l'acide carbonique, qui se dégage du sel de soude ; et l'acide se dégage quelquefois si rapidement, qu'il
souleve la dissolution d'alun, et l'entraîne avec
lui hors de la chaudiere. On évite cet inconvénient en versant peu à peu l'eau de soude.

Il faut bien prendre garde d'employer trop
d'eau de soude : au-delà de la quantité que
nous avons prescrite, on court le risque de
décomposer l'alun, et d'en précipiter l'alumine qui tombe alors, en flocons blancs, au
fond de la chaudière. On se prive donc d'une
partie du mordant qui devoit servir à fixer
la couleur ; delà des couleurs maigres ou peu
nourries.

L'alun traité par l'eau de soude, comme il
vient d'être dit, n'est pas complettement saturé ; il rougit encore la teinture de tournesol,

et par conséquent il n'a fait que passer de l'état de sel *acide* à l'état de sel *acidule*. En évaporant une semblable dissolution d'alun, on n'obtient plus de cristaux octaèdes, mais bien des cubes très-réguliers.

Il seroit utile pour nos ateliers de trouver, dans le commerce, un pareil alun, et nous invitons les fabricants à profiter de cette idée.

Chapitre II.

Couperose verte, Vitriol vert. — Sulfate de fer.

On obtient ce sel, ou en lessivant des terres qui le contiennent tout formé, ou en le préparant par l'union directe du fer avec l'acide sulfurique, comme je l'ai indiqué dans un Mémoire imprimé dans le bulletin de la société d'encouragement de Paris, pour le progrès de l'industrie, 5e. année.

Le vitriol vert est en cristaux de couleur d'émeraude, plus ou moins transparents; d'une saveur d'encre, très-désagréable; dissolubles dans deux ou trois fois leur poids d'eau.

Ce sel, exposé à l'air, jaunit promptement;

il convient moins en cet état pour monter les cuves de bleu à froid, parce qu'il est surchargé du principe qu'il doit enlever à l'indigo, pour changer la couleur de celui en vert, et le rendre alors dissoluble dans les alkalis.

Chauffé fortement, pendant quatre à cinq heures, dans une chaudiere de fonte, il prend, sur la fin de l'opération, une belle couleur rouge. Une partie de cette matiere rouge, exposée à un air humide, se résout en liqueur que l'on peut décanter dans une bouteille, et qui trouve un emploi utile, pour obtenir certaines couleurs.

Quelquefois le vitriol vert se trouve à l'état de sel *acide* ; ses cristaux sont alors d'un vert pâle, et rougissent fortement les couleurs bleues végétales. On peut le corriger de ce défaut, très-nuisible aux étoffes, en le chauffant, pendant quelques heures, avec du fer, après l'avoir dissous dans l'eau.

Le vitriol vert peut aussi contenir du sulfate de cuivre, avec lequel il forme un sel à deux bases, comme cela a lieu dans le vitriol de Salzbourg. On y reconnoît aisément le cuivre en plongeant, dans sa dissolution, une lame de couteau, qui, en peu d'instants, est recouverte de cuivre en poudre. Le vitriol de fer, mêlé de vitriol de cuivre, est très-nuisible dans les cuves de bleu à froid, en ce que le cuivre rend à l'indigo le principe que le fer doit lui enlever.

Les dissolutions de vitriol vert, dans l'eau dont on faisoit autrefois un grand usage en teinture, s'altèrent très-promptement à l'air : il ne faut donc les préparer qu'au moment du besoin.

J'ai substitué le pyrolignite de fer au vitriol vert, dans toutes les opérations de la teinture, si ce n'est lorsqu'il s'agit de monter les cuves de bleu à froid.

CHAPITRE III.

Vitriol de Chypre, Vitriol bleu. — Sulfate de cuivre.

Le vitriol bleu est formé d'acide sulfurique uni au cuivre. Ce sel se trouve assez pur dans le commerce, c'est-à-dire, sans excès d'acide, et libre de toute matière étrangère. Il est en cristaux, d'une belle couleur bleue, recouverts d'une légère poussière farineuse, d'une saveur métallique et vénéneuse, et bien dissoluble dans l'eau.

Chapitre IV.

Couperose blanche, Vitriol de zinc. — Sulfate de zinc.

Ce sel, formé de zinc et d'acide sulfurique, est dans le commerce, sous la forme de prismes triangulaires, d'un tissu grenu. Il a une saveur austère et métallique. Quoique peu d'usage en teinture, on peut cependant s'en servir utilement, en certains cas, comme nous le ferons voir dans la seconde partie de cet ouvrage.

Chapitre V.

Sel marin, sel de cuisine. — Muriate de soude.

On obtient ce sel en évaporant les eaux de mer qui le contiennent plus ou moins abondamment. On l'emploie peu en teinture, quoiqu'il puisse donner une nuance plus foncée à certaines couleurs.

On a prétendu, mais à tort, qu'il fixoit la couleur du bois de fustet.

Chapitre VI.

Sel ammoniaque. — Muriate d'ammoniaque.

Ce sel, qu'on tiroit autrefois de l'Egypte, qui seule le fournissoit à nos besoins, se fabrique aujourd'hui en France, par la combinaison de l'acide muriatique avec l'ammoniaque.

Le muriate ammoniacal est peut-être le seul sel qu'on puisse employer en teinture, sans examen, parce qu'il sort très-pur de nos fabriques. Il entre dans la dissolution nitro-muriatique d'étain.

Chapitre VII.

Sel d'étain. — Muriate d'étain.

Ce sel, formé par l'union de l'acide muriatique, avec l'étain, est en petits cristaux prismatiques très-blancs. Il a une saveur métallique et une odeur assez désagréable. Il se dissout facilement dans l'eau pure, telle que celle de pluie, recueillie avec soin. La dissolution est d'un blanc laiteux, et troublée par une petite portion de la base métallique qui se précipite. On amene la dissolution à être transparente , avec quelques gouttes d'acide nitrique foible.

Il attire l'humidité de l'air : delà la nécessité de le conserver dans des vases bien fermés et dans un endroit sec. L'air , en lui fournissant un principe particulier , lui fait prendre aussi une couleur jaune, et des propriétés différentes de celles qu'il a lorsqu'il est parfaitement blanc.

On l'emploie comme mordant, dans quelques circonstances. Associé au savon , il donne du feu et de l'éclat au rouge d'Andrinople.

CHAPITRE VIII.

Pyrolignite de fer.

Cette combinaison se prépare en faisant digérer l'acide pyroligneux sur du fer rouillé, pendant huit à dix heures , dans une chaudiere de fonte médiocrement chauffée. La dissolution prend sur la fin une couleur noire assez foncée : on la verse alors dans des bouteilles de verre ou de grès, ou même dans des tonneaux , et on la conserve pour l'usage. Nous indiquerons ailleurs la maniere de s'en servir, dans tous les cas où l'on employoit autrefois la couperose, ou le bain de ferraille, c'est-à-dire, le bain de la tonne au noir.

CHAPITRE IX.

Vert-de-gris, Verdet-gris. — Acétate de cuivre.

Le verdet-gris est formé par la combinaison du vinaigre avec le cuivre. On le prépare à Grenoble et à Montpellier. Il est ou en cristaux ou non cristallisé. Ce dernier ne se dissout pas entierement dans l'eau, au fond de laquelle il laisse un residu plus ou moins considérable, suivant que le sel est plus ou moins bien préparé. Le verdet cristallisé se dissout en entier, et vaut beaucoup mieux pour l'usage de la teinture. Il couvre mieux que le sulfate de cuivre ou vitriol bleu, et lui est, sous ce rapport, bien préférable.

CHAPITRE X.

Sel de saturne. — Acétate de plomb.

Ce sel a une saveur douce et sucrée, ce qui

l'a fait nommer aussi *sucre de plomb*. Il est en petites aiguilles très-fines, et qui se dissolvent facilement dans l'eau qu'elles troublent toujours.

Le sel de saturne sert quelquefois de mordant. On l'emploie aussi dans la préparation du mordant de rouge, dont on va parler.

Chapitre XI.

Mordant de rouge. — Acétate d'alumine.

Ce mordant, employé dans l'impression des toiles, peut aussi servir très-utilement dans la teinture sur coton filé.

Pour le préparer, dans deux pintes d'eau chaude, on dissout douze onces d'alun, trois onces de sel de saturne, et une once de potasse. On pose le vaisseau de grès qui sert à l'opération, sur un bain de sable ; on agite fréquemment le mélange, et au bout de vingt-quatre heures environ, on décante la liqueur, qui surnage le dépôt blanc qui s'est formé, et on la conserve pour l'usage.

Le mordant dont on vient d'enseigner la préparation, est préférable à l'alun ordinaire,

pour teindre le coton en rouge de garance.
Il produit aussi un meilleur effet que l'alun
dans les bains de gaude, et pour quelques
autres opérations de teinture.

CHAPITRE XII.

Potasse du commerce. — Carbonate de
potasse avec excès de base, et mêlé de
matieres étrangeres.

On distingue dans le commerce les potasses
d'Amérique, de Russie, Perasse, de Treves,
de Dantzick, des Vosges. Celles d'Amérique
sont les meilleures de toutes ; les autres viennent ensuite dans l'ordre où on vient de les
énoncer. Toutes ces potasses, outre une portion plus ou moins grande de potasse caustique, qui les rend déliquescentes à l'air, contiennent plusieurs sels étrangers et des matières
terreuses, telles que l'alumine et le sable.
Comme la potasse caustique attire l'acide carbonique, on conçoit qu'aussi-tôt qu'elle est
exposée au contact de l'air, elle entre en
combinaison avec cet acide, dont cependant
elle n'est jamais saturée. La base est donc en
excès dans cette espece de sel.

Il suit de ce que nous venons de dire , qu'un quintal de potasse du commerce ne représente point un quintal de potasse réelle. Il est cependant nécessaire , soit pour ne pas s'exposer à acheter les potasses au-delà de leur valeur, soit pour s'assurer qu'on a employé la dose convenable de cet alkali dans les opérations de la teinture , de savoir, au moins d'une maniere approximative , la quantité de potasse réelle contenue dans cent parties de potasse du commerce.

Berthollet , dans ses éléments de teinture , rapporte un procédé que l'on doit à Welther, et qui paroît , à ce Savant, devoir conduire assez près du but.

Ce procédé consiste à déterminer, au moyen d'un petit vaisseau cylindrique gradué , la quantité d'acide sulfurique , d'un degré constant, nécessaire pour saturer l'alkali dont on veut essayer le titre : plus il a fallu employer d'acide , plus les alkalis sont riches.

Les *alcalimètres* dont on se sert aujourd'hui dans le commerce des soudes , sont tous fondés sur ce principe.

On a quelquefois besoin d'amener la potasse du commerce à un certain degré de causticité. On y parvient aisément, en versant une dissolution de deux parties de potasse , sur une demi-partie de chaux récemment éteinte à sec. On agite bien le mèlange ; on laisse reposer, dix à douze heures, dans un vaisseau couvert, ou bien l'on fait bouillir quelques minutes , et lorsque le dépôt est formé, on décante le clair, après s'être assuré que l'addition de quelques gouttes de dissolution de potasse n'occasionne plus de précipité.

Nous ne parlerons point ici des cendres gravelées , espece de potasse du commerce , parce que l'usage en est aussi incommode qu'infidele , et nous engageons le teinturier pour lequel nous écrivons, à ne l'employer jamais dans ses opérations.

Chapitre XIII.

Soude du commerce. — Carbonate de soude avec excès de base, et mêlé de matieres étrangères.

La soude du commerce est ou naturelle, comme celle qui nous vient d'Espagne , ou artificielle, c'est-à-dire , extraite par l'art de quelques combinaisons qui la contiennent.

La

La soude artificielle , outre une certaine quantité de soude caustique et de carbonate de soude avec excès de base, contient des sels étrangers, des terres , du charbon et autres substances hétérogènes, inutiles et quelquefois nuisibles dans l'art de la teinture. On se débarrasse des substances terreuses , pierreuses ou charbonneuses ; que contient la soude d'Espagne , par la lixiviation et la filtration. On peut aussi l'amener, comme la potasse, à un certain degré de causticité , au moyen de la chaux.

L'usage du carbonate de soude que l'on fabrique aujourd'hui, est bien préférable, en teinture, à celui qui nous vient d'Espagne , en ce que le premier est beaucoup plus pur et d'un emploi plus facile.

Chapitre XIV.

Craie. — Carbonate de chaux.

La craie résulte de l'union de la chaux avec l'acide carbonique ; elle ne s'altere point à l'air , et ne se dissout point dans l'eau.

C

SECTION SIXIÈME.

DES HUILES.

Les huiles se reconnoissent aisément par la flamme vive qu'elles répandent en brûlant.

Les huiles se distinguent en *fixes* et en *volatiles*. Les premieres different des secondes, en ce qu'elles ne s'élevent pas si aisément en vapeurs par l'action du feu. Les huiles fixes sont les seules qui soient employées en teinture.

Les huiles fixes s'appellent aussi *huiles grasses , huiles douces , huiles par expression* , à raison de quelques propriétés particulieres, ou du mode dont on se sert pour les obtenir.

Les huiles fixes composent deux genres ; le premier comprend les huiles *grasses* ; le second , les huiles *siccatives*.

Les huiles grasses ont pour caractere de figer plus ou moins promptement par le froid , et de ne s'épaissir que très-lentement à l'air : telle est l'huile d'olive , l'huile de navette , de colza , etc.

Les huiles siccatives, parmi lesquelles on range l'huile de lin, de noix, d'œillet ou de pavot, l'huile de chenevis, se sechent à l'air, en conservant leur transparence ; ne se figent point, mais se concrètent par le froid, et ne font pas des savons avec les alkalis aussi facilement que les huiles grasses.

C'est à raison de cette derniere propriété, que les huiles siccatives ne peuvent s'employer en teinture, et que leur mèlange avec les huiles grasses nuit plus ou moins à quelques couleurs, et notamment au rouge d'Andrinople.

En effet, l'emploi des huiles n'est utile en teinture, qu'autant que le principe huileux peut pénétrer aisément le coton, et s'y distribuer par-tout également et uniformément.

Or, on ne parvient à remplir ces conditions qu'en combinant les huiles à un alkali, avec lequel elles forment un composé savonneux, nommé, dans les ateliers, *bain d'huile* ou *bain blanc.*

Les huiles qui peuvent entrer facilement en combinaison avec les alkalis, sont donc les seules que l'on doive employer dans la composition des bains blancs ; ce qui en exclut évidemment les huiles fixes siccatives.

Toutes les huiles grasses ne sont pas également bonnes pour la préparation des bains blancs. Les meilleures sont celles qui contiennent une certaine quantité de mucilage. Ainsi l'huile d'olive pure est inférieure, sous ce rapport, à l'huile d'olive grasse, qui nous vient de Gallipoli, etc.

On s'assure que l'huile a les qualités requises, pour la composition des bains blancs, par le procédé suivant.

On prend quarante parties, en poids, de lessive de soude à deux degrés de l'aréomètre, et on les verse sur une partie de l'huile grasse à essayer. Pour bien mêler l'huile à l'alkali, on transvase, à diverses reprises, la liqueur qui doit être bien homogène, d'un beau blanc, et mousser beaucoup. On laisse ce bain en expérience pendant vingt-quatre heures, et si, au bout de ce temps, il est toujours homogène, sans flocons, et que l'huile ne soit point montée à la surface, on conclut que l'huile est de bonne qualité.

Les huiles à l'usage de la teinture doivent être conservées dans un endroit frais, et dont la température ne soit pas assez élevée pour donner lieu à une fermentation qui détruiroit le principe mucilagineux.

On peut tirer un parti assez utile des huiles de navette et de colza, quand on ne veut avoir que des rouges solides, sans prétendre à une nuance riche et brillante.

SECTION SEPTIÈME.

DES SAVONS.

L'UNION de la potasse ou de la soude avec les huiles, forme un composé connu sous le nom de savon. La combinaison ne s'opere qu'autant que les alkalis ont un certain degré de causticité.

Pour faire les savons marbrés, on mêle, dans la pâte savonneuse, quelques sels métalliques colorés, tels que le vitriol vert, le vitriol bleu, etc.

Les bonnes ou mauvaises qualités des savons dépendent, 1°. de l'espece d'huile et d'alkali qui servent à les former; 2°. des proportions exactes du mélange; 3°. de la conduite du feu dans la cuite du savon, et en général des manipulations nécessaires à leur confection.

C 3

Le savon blanc , préparé avec la soude et l'huile d'olive , est très-bon ; et c'est celui-là seul qu'on doit employer dans l'avivage et le rosage du rouge des Indes.

Ce savon se desseche à l'air , s'y durcit, se fond bien dans l'eau pure , et ne s'y dissout pas avec trop de promptitude.

Il n'en est pas de même des savons préparés avec la potasse. Ceux-ci sont mous, et on ne parvient à les durcir qu'en y ajoutant une certaine proportion de sel marin.

On fabrique aussi des *savons mous* avec la potasse et la graisse , le suif, les huiles de colza, de navette , de poisson , etc. On colore ordinairement ces savons en vert , en jaune , en noir , par certains ingrédients.

On sophistique quelquefois le savon de soude , en y incorporant une trop grande quantité d'eau. Un pareil savon perd , dans l'espace de huit jours , de vingt à vingt-cinq pour cent de son poids.

On altère encore le savon , en y mêlant de la chaux en poudre , de l'amidon ou de la farine. Il suffit de faire dissoudre ce savon , et de verser , dans la dissolution , un peu de lessive caustique de soude , pour précipiter toutes les matières étrangères au fond de la chaudière.

Enfin, on y introduit souvent du sel marin, qu'il est aisé d'y découvrir.

Outre les usages du savon dont il a été parlé plus haut, on emploie encore cette substance pour s'assurer de la solidité d'une couleur. Celles qui résistent à cinq ou six savonnages ordinaires, sont réputées de *bon teint*. Les couleurs qui offrent plus de résistance, sont de *grand teint*, et celles qui changent de nuance, ou qui sont détruites par un ou deux savonnages, sont dites de *faux teint*, ou de *petit teint*. Ainsi, par exemple, les couleurs de bois de Brésil, de Campêche, de Rocou, de Safranum, etc., sont de faux teint ; les couleurs faites à la garance, sans bains huileux, sont de bon teint ; les couleurs de garance, soutenues par le principe huileux, sont de grand teint.

Si la distinction que j'établis ici entre les couleurs, sous le rapport de la solidité, étoit adoptée, il seroit aisé de terminer toutes les contestations qui naissent à l'occasion de la fixité des couleurs.

SECTION HUITIÈME.

DES ASTRINGENTS.

On a donné le nom d'astringents à des sub-stances qui se trouvent dans le sumac, l'écorce et la sciure de chêne , l'écorce d'aune et sur-tout dans la noix de galle, dont on fait un très-fréquent usage en teinture.

La noix de galle est une excroissance for-mée par la piquure d'un insecte sur les jeu-nes branches du *chêne-rouvre.*

Il y a plusieurs sortes de noix de galle qui different entr'elles par la couleur, la grosseur, la pesanteur, l'uni ou l'aspérité des surfaces.

On distingue, en teinture, la noix de galle *noire* et la noix de galle *blanche.* La pre-mière s'emploie dans les couleurs qui doivent être très-foncées ; on réserve la seconde pour les nuances fines et délicates.

Un mêlange fait à-peu-près à parties égales, avec les deux especes de noix de galle précé-dentes , constitue la *galle en sorte* du com-merce. C'est de la noix de galle en sorte que l'on se sert le plus ordinairement en teinture.

La meilleure noix de galle nous vient d'Alep, de Smyrne et de Tripoli. Elle est ronde, petite, noire, pesante, et le plus ordinairement tuberculeuse, et non percée, parce qu'elle a été cueillie avant la sortie de l'insecte qui la produit. Les noix de galle percées sont d'une couleur plus claire, moins pesantes, et rendent moins à l'emploi.

L'infusion, et à plus forte raison, la décoction de noix de galle, a la propriété de précipiter en noir le fer de ses dissolutions.

Le sumac remplace quelquefois la noix de galle, mais il faut l'employer alors à une dose double de celle de la noix de galle. D'autres fois on associe ces deux astringents, qui suffisent seuls en teinture, et que l'on peut ranger parmi les mordants les plus précieux que possède cet art.

SECTION NEUVIÈME,

DES EAUX.

ON doit éviter de se servir, en teinture, de toutes les eaux vaseuses, ou chargées de substances métalliques. Ainsi il faut rejetter, par exemple, les eaux ferrugineuses, et en général, toutes les eaux minérales qui tiendroient quelques métaux en dissolution, et que l'organe seul du goût fera aisément reconnoître.

Il est des eaux qu'on nomme *dures* ou *crues*, et dont le caractere est de ne pouvoir bien dissoudre le savon qu'elles réduisent en caillots. Ces eaux contiennent des sels dont, par l'ébullition, la base terreuse est précipitée sur les étoffes, et rend les couleurs sombres et ternes.

On corrige ces eaux en y ajoutant de l'eau sûre, ou en y faisant bouillir des plantes mucilagineuses. Par l'un ou l'autre de ces moyens fort simples, on décompose les sels que l'eau tient en dissolution, et dont la base précipitée au fond de la chaudière, cesse de nuire aux opérations de la teinture.

En général, on peut regarder comme propres aux opérations de la teinture, toutes les eaux qui n'ont ni couleur, ni saveur, ni odeur, et qui dissolvent bien le savon. Toutes celles au contraire qui ont des caractères opposés, doivent être ou rejettées tout-à-fait, ou corrigées par les moyens que nous avons indiqués.

SECONDE PARTIE.

DES OPÉRATIONS DE LA TEINTURE.

Les opérations de l'art de la teinture ont pour but , ou de préparer le fil et le coton à recevoir l'application des parties colorantes , ou d'appliquer les parties colorantes sur le coton ainsi préparé.

Il y a donc deux sortes d'opérations en teinture ; les unes qui précedent la teinture proprement dite ; les autres qui concernent la teinture elle-même.

SECTION PREMIÈRE.

DES OPÉRATIONS QUI PRÉCÈDENT LA TEINTURE.

Le but de ces sortes d'opérations est d'imprégner le coton de *mordants* propres à fixer plus ou moins solidement les parties colorantes qu'il doit recevoir.

On donne en général le nom de mordants

à des agents qui servent pour ainsi dire d'intermédiaires entre le coton et les parties colorantes. C'est ainsi, par exemple, que la noix de galle et l'alun établissent entre le coton et la partie colorante de la garance, une affinité qui n'existeroit pas sans cela, et qui rend par conséquent la couleur plus durable.

On emploie aussi quelquefois les mordants, soit pour donner seulement plus d'éclat aux couleurs, soit pour modifier les nuances. On devroit plutôt en ce cas, selon la remarque de Berthollet, les nommer *altérants*. Ainsi dans le rosage du rouge des Indes, par le muriate d'étain, le muriate est un altérant, et non un véritable mordant. On peut en dire autant du savon dans l'avivage et le rosage du même rouge d'Andrinople.

Il est des cas où l'on imprégne le coton du mordant, et d'autres où l'on se contente de l'ajouter au bain de teinture.

Quoique les mordants varient en général suivant la nature des couleurs, il en est cependant qu'on applique dans presque tous les genres de teinture, et dont, avant d'aller plus loin, nous devons, par cette raison, donner connoissance. Ces mordants sont la noix de galle et l'alun : delà *l'engallage* et *l'alunage.*

Avant de les appliquer au coton, il est nécessaire de priver celui-ci d'une partie colorante qui lui est naturelle, et qui nuiroit plus
ou moins à l'espèce de coloration qu'il doit
recevoir. On parvient à ce dernier but par une
opération particulière, qu'on nomme *décreusage* ou *débouilli.*

Les opérations préliminaires à la teinture,
dans le plus grand nombre de cas, se réduisent donc aux trois suivantes : le décreusage,
l'engallage et l'alunage.

CHAPITRE PREMIER.

Décreusage ou débouilli.

Le coton, espèce de bourre ou de duvet,
d'une plante qui croît dans les pays chauds,
a une couleur qui varie depuis le jaune foncé
jusqu'au blanc. Le plus coloré est celui de
Siam et de Bengale, dont on fait des étoffes
auxquelles on laisse la couleur naturelle.

Pour enlever au coton cette couleur naturelle, on le fait bouillir pendant cinq ou six
heures dans une lessive de potasse, ou mieux,
de soude, marquant un degré environ, à

l'aréomètre de Baumé. On reconnoît que l'o-
pération est terminée lorsque le coton s'en-
fonce de lui-même dans la chaudière , dans
laquelle on a dû verser cinq ou six cents litres
de lessive pour cent livres de coton. On retire
ensuite le coton ; on le laisse refroidir en
égouttant sur la chaudière ; on le lave en eau
courante ; on le tord , et on le fait sécher.

On peut , dans certains cas , se contenter de
décreuser simplement à l'eau.

Chapitre I I.

Engallage.

Le coton s'engalle le plus ordinairement
dans la proportion de trois ou quatre onces
de noix de galle par livre de coton.

Voici de quelle maniere l'engallage s'exécute.

On fait cuire la noix de galle , grossière-
ment concassée , dans une chaudière de cuivre où l'on a mis une quantité d'eau suffisante pour travailler le coton. Cette quantité
est de 140 à 150 litres , ou pintes , pour cent
livres de coton. On soutient l'ébullition jusqu'à
ce que la noix de galle s'écrase facilement et

parfaitement entre les doigts. On cesse alors le feu ; on laisse refroidir le bain ; on le passe à travers un tamis de crin , qui ne sert qu'à cet usage ; et lorsque le bain est refroidi au point de pouvoir à peine y tenir la main , on en prend une portion dans laquelle on travaille le coton , par parties , de maniere à le bien imprégner de la décoction astringente ; on re- leve , on tord à la cheville , et on porte de suite à l'étendage , en plein air , si le ciel est beau , ou sous un angar , dans les temps hu- mides ou pluvieux. Dans le restant du bain , on verse une nouvelle portion de décoction que l'usage apprend à déterminer, et on continue l'opération jusqu'à ce que la totalité du coton ait été passée en galle.

On se conduiroit de même pour passer le coton en sumac. Seulement il faut avoir soin, 1°. de faire infuser cet astringent dans l'eau très-chaude , sans le faire bouillir; 2°. de prendre un poids de sumac à-peu-près double de celui de la noix de galle qu'il remplace.

L'expérience démontre qu'il est quelquefois aussi avantageux qu'économique d'associer la noix de galle et le sumac. On mêle alors l'in- fusion de ce dernier à la décoction de noix de galle , et on se conduit , du reste , comme ci-dessus.

Chapitre III.

Alunage.

L'alun se donne aussi ordinairement à raison de un quart en poids du coton.

Après avoir réduit l'alun , que l'on suppose ici bien pur , en poudre grossiere , on le jette dans une chaudière qui contient la quantité d'eau suffisante pour pouvoir y travailler le coton à l'aise , c'est-à-dire, de 140 à 150 pintes par 100 livres de coton. Trente-cinq ou quarante degrés de chaleur , échelle de Réaumur , suffisent pour dissoudre l'alun. On attend que la dissolution ne soit plus que *tiède* , et on y travaille le coton comme dans la décoction de galle. On tord à la cheville , et on fait sécher à l'ombre , s'il est possible.

Si l'alun doit être saturé , on se conduit comme nous l'avons dit en traitant de l'alun.

On donne quelquefois deux aluns de suite , mais alors il faut faire bien sécher le premier , et attendre deux ou trois jours , si le

temps

temps le permet , pour donner le second. L'expérience a démontré qu'en mettant cet intervalle de temps entre les deux aluns , le coton se pénétroit mieux de ce mordant.

Il en est de même lorsqu'on laisse le coton mouillé de son alun , pendant dix ou douze heures, avant de le porter à l'étendage.

On alune aussi avec l'acétate d'alumine, qui s'emploie à froid , et à quatre degrés de l'aréomètre.

Quand le coton est sec de son alun , on le lave avec soin avant de le teindre , pour emporter la portion d'alun qui ne s'est pas combinée au coton , et qui , en se dissolvant dans le bain de teinture , altéreroit la partie colorante , ou en précipiteroit une partie , en pure perte , au fond de la chaudiere.

Outre ces opérations préliminaires ; il en est encore quelques autres , mais moins générales , et dont, par cette raison , nous différons de parler jusqu'à ce que les circonstances particulieres auxquelles elles se rapportent , viennent se présenter.

D

SECTION SECONDE.

DES OPÉRATIONS QU'EXIGE LA TEINTURE PROPREMENT DITE.

CHAPITRE PREMIER.

Du Bleu solide, à chaud.

Un seul moyen de donner au coton un bleu solide, est d'y employer une substance qui nous vient des Indes, et qu'on nomme *indigo*. L'on emploie quelquefois l'indigo seul ; d'autres fois on l'associe au *pastel* ou au *vouède*.

Donnons une idée de ces trois substances.

1.° L'indigo est une fécule bleue que l'on retire d'une plante nommée *nil, anil, indigotier*. Elle croît en Asie, en Afrique et en Amérique : on prétend qu'elle pourroit s'acclimater en Europe. La beauté et la richesse de la fécule dépendent des soins qu'on a apportés à sa fabrication (Voyez le nouveau Dict. d'Hist. nat. , par une Société de Naturalistes) ; delà les diverses qualités d'indigo qui se trouvent dans le commerce, et dont nous croyons devoir faire connoître ici les principales.

L'espèce la meilleure de toutes est le *guatimala*, qui nous vient de la Nouvelle-Espagne, et dont la première qualité est connue sous le nom d'*indigo flore*. Il porte un bleu vif ; sa pierre n'a point d'écorce ; elle offre à sa surface la même couleur que dans son intérieur ; elle est petite, d'une texture rare et spécifiquement plus légère que l'eau. Il y a deux autres qualités de guatimala ; le *sobre* et le *corte*.

Après le guatimala, vient l'*indigo de Saint-Domingue*, dont on distingue particulièrement deux sortes, le *bleu* et le *cuivré*. Le premier a beaucoup de rapports avec le flore ; il en diffère cependant en ce que son bleu est moins franc, tirant plus sur le brun ou marron : sa pierre est plus grosse, recouverte d'une écorce d'un bleu plus ardoisé que l'intérieur, et sa texture est un peu plus compacte ; il est toutefois spécifiquement plus léger que l'eau. L'indigo cuivré prend son nom de la couleur de cuivre rouge qu'il présente dans sa cassure : il a, comme le précédent, une écorce, mais qui est d'un bleu encore plus ardoisé ; il est plus compact, et spécifiquement plus pesant que l'eau.

Entre le bleu et le cuivré, on fabrique encore à Saint-Domingue deux indigos qui participent plus ou moins des qualités de ces derniers ; savoir, le *violet* et le *gorge de pigeon :* tous deux sont supérieurs en qualité au cuivré. Le violet a un peu plus de consistance que le bleu ; le gorge de pigeon offre dans sa cassure un mélange de plusieurs couleurs : son éclat approche d'un violet purpurin. Enfin, *l'indigo ardoisé* et le *terne picoté de blanc,* composés d'un grain suivi ou sans liaison, sont regardés, dans la même île, comme les dernières qualités.

On place au troisieme rang *l'indigo de la Caroline* ; il est d'un bleu plus ardoisé, tant extérieurement qu'intérieurement.

Il vient des deux Indes d'autres especes d'indigos, et qui portent communément les noms des lieux où ils sont fabriqués, tels que le *Java*, le *Sarquesse*, le *Jamaïque*, le *Guadeloupe*, etc.

On en apporte aussi d'Afrique, qui nous arrive par les marchands qui font la traite des nègres.

L'économie prescrit de n'employer que les indigos de Saint-Domingue, dans la teinture des cotons destinés à être ensuite teints en noir, lorsque les procédés que l'on suit exigent qu'on leur donne un *pied* de cette couleur. Ces indigos sont aussi les plus propres aux bleus foncés, qui doivent rester de cette couleur.

Les beaux indigos d'Espagne sont les seuls qui puissent donner ces bleus vifs et clairs, qui flattent l'œil si agréablement : s'ils sont d'un prix plus élevé que ceux de Saint-Domingue, ils ont aussi l'avantage de rapporter beaucoup plus.

On falsifie trop souvent l'indigo en y mêlant de l'argile, de la chaux, de l'ardoise pilée, etc. Ces substances échappent à la combustion à laquelle on soumet les indigos ainsi altérés, tandis que l'indigo pur, mis sur une pelle rougie au feu, ne laisse que du charbon.

On falsifie encore l'indigo en y incorporant des substances combustibles, telles que des bitumes, la suie, etc. L'odeur et la fumée que ces matières exhalent en brûlant avec l'indigo, suffisent pour les faire reconnoître.

Le *pierrage* ou *robage* est encore une fraude

assez commune, mais facile à découvrir. En rompant les morceaux d'indigo, l'intérieur ne répond plus à l'apparence flatteuse que l'artifice a su leur donner.

L'indigo est inaltérable à l'air.

Chauffé sur une pelle rouge, il brûle avec une petite flamme d'une superbe couleur de pourpre, et ne laisse qu'un résidu charbonneux lorsqu'il est bien pur.

Il n'est point dissoluble dans l'eau, qui en extrait cependant une partie colorante jaune.

L'acide sulfurique concentré le dissout à l'aide de la chaleur du bain de sable, ou du bain marie. Cinq parties de cet acide suffisent pour en dissoudre une d'indigo. On jette un peu de craie dans la dissolution, qu'on étend ensuite de quatre-vingt-dix parties d'eau, et on s'en sert pour faire *le bleu de Saxe*. Ce bleu est de petit teint, et ne s'emploie point sur le coton filé.

L'acide nitrique décolore, brûle l'indigo, et l'enflamme même quelquefois; delà la nécessité de n'employer, pour faire le bleu de Saxe, que de l'acide sulfurique qui ait été concentré à soixante-six degrés de l'aréomètre de Baumé. Ce n'est qu'à ce degré de concentration que l'acide sulfurique est entièrement privé de l'acide nitrique qu'il contient avant d'être rectifié. (*Voyez à ce sujet une obser-vation que j'ai consignée dans les Mémoires de l'Académie de Rouen.*)

L'acide muriatique pur n'a aucune action sur l'indigo.

L'acide muriatique oxigéné, ou le Berthollet, le décolore et le brûle.

Les alkalis, même caustiques, n'attaquent point l'indigo tant qu'il conserve sa quantité naturelle d'un principe auquel il doit sa couleur bleue, et que les chimistes nomment *oxigène*.

On parvient à enlever l'oxigène à l'indigo, par le vitriol vert, la garance, l'orpiment, etc. Cette dernière substance ternit le bleu de cuve, et ne s'emploie plus aujourd'hui dans les bons ateliers.

L'indigo *désoxigéné* perd sa couleur bleue, devient alors d'un beau vert, et, ce qui est bien précieux, dissoluble dans les alkalis, tels que la potasse, la soude et la chaux. Voilà pourquoi le coton sort, des différentes cuves, coloré en vert ; mais le coton *déverdit* bientôt à l'air, qui restitue à l'indigo l'oxigène qu'il avoit perdu, et le fait repasser au bleu.

C'est sur ces principes bien simples que repose la théorie de toutes les cuves où l'on teint le coton en bleu par l'indigo.

2°. Le pastel est une plante dont les feuilles donnent un bleu aussi solide, quoique moins beau, que celui de l'indigo. Cette plante croît naturellement en Europe : on la cultive en grand dans les ci-devant provinces du Languedoc et de la Provence ; dans la Thuringe et en Calabre. On fait ordinairement quatre récoltes de pastel par an : aussi-tôt après la récolte, que l'on doit faire dans un temps sec, on porte les feuilles légèrement fanées au moulin, pour les réduire en pâte ; cette pâte est mise en piles, pressée avec les pieds et les mains, et bien unie ; il se forme une croûte noirâtre, qui s'entr'ouvre souvent : on lie de nouveau la pâte, et on l'unit avec soin. Au bout de dix à quinze jours, on ouvre la pile, on broie le pastel entre les mains, on le moule en *coques*, dans des moules de bois, de manière à former des espèces de pelottes alongées par les bouts opposés : quand les coques sont bien desséchées, on les emballe. Avant de les employer, on les laisse long-temps tremper dans l'eau,

Les qualités du pastel dépendent du temps plus ou moins favorable où il a été récolté, du degré convenable de sa fermentation, de la dessication, etc.

On réduit quelquefois le pastel en poudre, mais il ne sert guère aujourd'hui sous cette forme.

Le pastel ne s'emploie point seul; on l'associe toujours à l'indigo, comme nous l'expliquerons bientôt.

5°. Le vouede est une espece de pastel, que l'on cultive sur-tout dans la ci-devant Basse-Normandie : on lui fait subir, comme au pastel, un certain degré de fermentation, mais il vaut mieux l'employer dans l'état de simple dessication. Du reste, il ne sert point seul; on l'unit toujours à l'indigo, ainsi que le pastel, pour monter les cuves de bleu *à chaud*. Voyons maintenant de quelle maniere cela s'exécute.

Cuve de bleu au pastel ou au vouede.

Pour monter cette cuve, on remplit d'eau une chaudière de vingt à vingt-quatre muids, et on y jette quatre à cinq livres de bonne

garance : celle de Provence convient parfaitement. On fait bouillir pendant deux heures environ , puis on fait passer ce bain bouillant
dans la cuve , placée dans un endroit qu'on
nomme *guesde* , et construit de manière à
pouvoir conserver long-temps la chaleur.

Tandis que le bain coule , on jette dans
la cuve trois ou quatre balles de pastel (environ deux cents livres en poids), ayant soin
de bien développer les pelottes.

Pendant cette opération , un ouvrier *pallie*
bien la cuve , et lorsque tout le pastel est employé , on verse douze à quinze livres d'indigo , qu'on a fait tremper , pendant deux fois
vingt-quatre heures , dans une lessive de soude,
rendue caustique par la chaux , et marquant
environ dix degrés à l'aréomètre de Baumé.
La quantité de lessive est d'une pinte environ
par livre d'indigo. L'indigo a dû être ensuite
broyé au moulin , jusqu'à ce qu'il ait acquis
une consistance *huileuse.*

On pallie la cuve pendant un quart-d'heure,
puis on la couvre avec des planches , par-
dessus lesquelles on étend de grosses couver-
tures de laine , et on la laisse reposer pendant trois ou quatre heures. La couleur du

bain, à cette époque, est celle de la feuille morte.

Deux ouvriers pallient de nouveau la cuve, et un peu avant la fin du palliement, on répand legérement à la surface de la cuve, un *tranchoir* de chaux éteinte à l'air, et passée à un tamis de crin serré, par chaque balle de pastel. Le tranchoir est une espece de truelle en bois, qui peut fournir une demi-livre de chaux. On acheve le palliement ; on pose le couvercle de la cuve de manière à laisser un évent de quatre doigts d'ouverture, et on étend par-dessus les étoffes de laine.

Trois heures après, on pallie la cuve, sans lui donner de chaux : on recouvre, en ménageant l'évent.

Après trois heures de repos, on pallie de nouveau, sans ajouter de chaux, à moins que la fermentation, qui s'annonce par un bruit sourd et léger, n'allât trop vite ; ce qui se connoît par les parties grossières qui montent à la surface : en ce cas, on donneroit, sur la fin du palliement, un demi-tranchoir de chaux.

A cette époque, la cuve doit *marquer en bleu* à la surface ; le clair doit être d'un vert plus ou moins jaune ; le pied, ou la pâtée, ne doit être ni trop rude , ni trop gras ; sa couleur verdâtre doit devenir brune aussi-tôt qu'on l'expose à l'air ; l'odeur de la cuve ne doit être ni trop douce , ni trop piquante ; ce dernier caractère indiqueroit une trop grande quantité de chaux, qu'il ne faut par conséquent distribuer qu'avec beaucoup de circonspection.

On reconnoît encore que la cuve est en bon état , lorsqu'on voit paroître , à la surface des veines bleues , une écume legere d'un beau bleu, qu'on nomme *fleurée* , et des *plaques cuivrées*. On se contente alors de pallier la cuve , de trois heures en trois heures , jusqu'à ce qu'un échantillon, plongé pendant une heure dans la cuve , deux heures après le palliement, en sorte coloré d'un beau vert , et déverdisse promptement à l'air, pour passer au bleu. On pallie alors la cuve pour la dernière fois , et quatre heures après, elle est en état de teindre. On en fait alors l'ouverture , comme nous le dirons dans un moment.

On doit avoir plusieurs cuves ainsi montées, mais dans une proportion plus foible d'indigo , afin d'obtenir les nuances claires qui sont toujours plus belles sur une cuve neuve , mais foible, que sur une cuve presque épuisée , et aussi pour atteindre les nuances très-foncées, qui se font en passant le coton de cuve en cuve jusqu'à nuance desirée.

Si, par défaut de chaux, la cuve menaçoit de *couler*, et de tomber en putréfaction, ce qu'indique alors son odeur fétide, il faudroit se hâter de modérer le mouvement fermentatif, en donnant un ou deux tranchoirs de chaux, suivant l'intensité du mal.

Si au contraire la cuve pêche par excès de chaux, et qu'elle soit prête à *se tuer*, ce qu'on reconnoît à ce qu'elle n'offre point de veines bleues à sa surface, qu'elle ne donne point de fleurée, etc., on la rétablit en rechauffant les deux tiers du bain avec quelques boisseaux de son enfermés dans un sac lesté d'un poids suffisant. On transvase ensuite le bain de la chaudière dans la cuve; on pallie, et on laisse reposer un jour ou deux.

La cuve de vouede se monte et se conduit absolument de la même manière que celle de pastel : elle présente même moins de difficultés que cette dernière, en ce qu'on y emploie le vouede dans l'état de dessication, tandis que la fermentation que le pastel a subi, occasionne, dans la marche d'une cuve montée avec cette plante, des irrégularités qui déroutent quelquefois le *guedron* le plus exercé. Aussi a-t-on renoncé à la cuve au pastel en beaucoup d'endroits, et notamment à Rouen, à Louviers, à Elbeuf, etc.

La cuve dont on vient de parler, montée sans vouede et avec l'indigo seul, se nomme cuve d'*Inde à chaud*. On remplace le pastel par le son, et la chaux par la potasse, ce qui a fait donner à cette cuve le nom de *cuve à la potasse*. Cette cuve est celle qui est la plus usitée, et qui convient le mieux pour teindre le coton en gros bleu. Pour la monter, on pourra se régler sur les proportions suivantes: eau, soixante pintes; garance, huit onces; son, une bonne poignée; potasse, deux livres: faites bouillir pendant demi-heure, versez le bain et le marc dans une cuve, et délayez-y deux à trois livres d'indigo, préparé comme il a été dit plus haut. Tenez la cuve chaudement au moyen de quelques charbons allumés, placés sur un rebord en maçonnerie, ménagé autour de la chaudière, et à un tiers environ de sa hauteur: palliez de temps en temps, jusqu'à ce qu'elle soit en état de teindre.

La manière de teindre le coton en bleu so-

lide, à chaud, dans la cuve de pastel, de vouède
ou d'inde, est fort simple.

On abreuve à l'eau tiède le coton préalablé-
ment débouilli ; on le passe sur des bâtons posés
en travers sur les bords de la cuve, et qu'on
nomme *lisoirs* ; on promène les bâtons pendant
cinq ou six minutes dans la cuve, ayant soin
de retourner les pentes, de manière que chaque
partie plonge à son tour dans la cuve ; on tord,
on évente pendant quelques minutes, afin de
laisser bien déverdir le coton. Si d'on desire
avoir une nuance plus forte, on travaille de
nouveau le coton, et successivement, sur des
cuves dont la force va en augmentant ; et si
l'on veut une nuance très-foncée, après avoir
donné un fort pied de bleu, comme il vient
d'être dit, on lave, on fait sécher, et on repasse sur une cuve neuve, et très-chargée d'indigo ; on tord, on laisse le coton sur la perche
pendant une demi-heure ; on le passe à l'eau,
et on seche à l'air, et mieux encore à l'étuve.

Cette derniere partie du travail est la même
pour toutes les nuances de bleu.

Lorsqu'on a cessé de teindre, et on peut
teindre trois fois sur la cuve dans le même
jour, on pallie bien la cuve, et on la laisse
reposer jusqu'au lendemain matin.

On peut travailler cinq jours de suite sur une cuve ; le sixieme jour il faut la réchauffer de la maniere suivante.

On prend les deux tiers du bain de la cuve, pour les faire bouillir environ deux heures dans la chaudière ; on transvase ensuite ce bain bouillant dans la cuve, où l'on jette en même-temps vingt-cinq ou trente livres de pastel, une livre de garance, et six ou huit livres d'indigo préparé comme il a été dit plus haut : on pallie bien, et on gouverne la cuve à l'ordinaire.

Si le pied devient trop volumineux, on peut en enlever six à huit pouces d'épaisseur, et nourrir ensuite la cuve comme on vient de le dire.

Lorsqu'une cuve ne travaille pas, il faut avoir soin de la pallier deux fois par semaine.

CHAPITRE II.

Bleu solide, à froid.

On obtient ce bleu d'une cuve montée comme il suit.

Dans une futaille, une *pièce d'huile* par exemple, défoncée par un bout, on verse de l'eau à peu près aux trois quarts de sa hauteur;

teur ; on y jette ensuite dix livres de chaux vive, éteinte à sec et bien fusée, et dix livres de bon indigo ; préparé et moulu comme pour les cuves de bleu à chaud. On ajoute quinze livres de vitriol vert, bien pur, et sur-tout exempt de cuivre ; on pallie bien la cuve, et on la laisse reposer deux ou trois heures. On la remplit alors avec de l'eau, jusqu'à trois ou quatre pouces de son bord, et on pallie de nouveau. Au bout de quelques heures de repos, on pallie pour la troisième fois, et lorsqu'on voit des veines bleues sillonner la surface du bain qui doit être d'un beau vert, et une fleurée qui se soutient bien, on juge que la cuve est en état de teindre : on pallie encore une fois, et on teint quelques heures après.

Si, après que la cuve a travaillé pendant un certain temps, le bain devient noir, on y jette une livre et demie environ de nouvelle chaux. La couleur jaune du bain annonce le besoin de vitriol vert ; on en met deux livres. Si, après avoir ajouté de la chaux et du vitriol, la cuve refusoit de teindre, on lui donneroit deux à trois livres d'indigo.

On teint, dans cette cuve, de la même ma-

E

nière que dans la cuve à chaud. Le coton débouilli n'a besoin que d'être abreuvé : on le passe aussi successivement sur différentes cuves de plus en plus fortes, pour des nuances foncées. Au sortir de la cuve, on tord à la cheville, et on évente pendant quelques minutes. On passe ensuite le coton dans une eau aiguisée avec un soixantieme d'acide sulfurique, pour purger le coton de la chaux qui est répandue sur sa surface, et qui terniroit le bleu. On lave avec soin, on tord, on sèche à l'air, ou, ce qui vaut mieux, à l'étuve.

La cuve de bleu à froid convient mieux que la cuve d'Inde à chaud, ou à la potasse, pour avoir des bleus vifs et clairs. Les bleus à froid donnent, avec le jaune, des verts plus brillants que les bleus à chaud.

<h2 style="text-align:center">C H A P I T R E I I I.</h2>

Bleu remonté.

Le haut prix de l'indigo est sans doute la cause qui a déterminé à introduire ces sortes de bleus dans la fabrique. On commence par donner au coton un pied de bleu solide, plus ou moins fort, soit à chaud, soit à froid, et on peut *remonter* ensuite la couleur, au moyen du campêche, de l'alun et du vitriol bleu, jusqu'à la nuance connue dans les ateliers sous le nom de bleu *viol* ou *violent*.

Le bois d'Inde, ou de Campêche, tire sa dénomination des lieux qui le fournissent au commerce et à l'art de la teinture. Il en vient aussi de la Jamaïque, de Sainte-Croix, de Saint-Domingue, de la Martinique, de la Grenade, etc.

Pour extraire la partie colorante du bois d'Inde, on le fait bouillir pendant trois heures environ, et réduit en copeaux, à raison de trois livres de bois par trente-deux litres ou pintes d'eau (deux seaux).

On fait bouillir une seconde fois, pendant deux heures seulement, avec la même quantité d'eau, et on verse ce second bain dans la tonne où le premier bain a été déposé.

La décoction de bois d'Inde doit s'employer peu de jours après qu'elle a été préparée : à mesure qu'elle vieillit, elle fournit une couleur moins belle.

Les acides font passer la couleur au jaune

terne; les alkalis, au pourpre; l'alun, au violet;
le vitriol vert, au noir bleuâtre; le vitriol bleu
et le verdet-gris, au bleu.

C'est parce que le bois d'Inde sert à faire
le bleu et le violet, qu'on l'appelle quelquefois *bois bleu*, *bois violet*.

On l'emploie souvent dans les gris, dont il
sera parlé ailleurs.

Le bois d'Inde sert tantôt seul, tantôt associé au bois de Brésil, comme on le verra par
la suite.

Nous ne parlerons ici que de son usage pour
faire les bleus remontés, dont voici le procédé.

, Le coton ayant reçu le pied de bleu qu'on
veut lui donner, on l'abreuve à l'eau tiède, et
on le passe successivement dans plusieurs bains
chauds de campêche (de deux à six onces de
bois par livre de coton), auxquels on ajoute,
par parties, deux onces d'alun, et trois ou
quatre gros de sulfate de cuivre. On renouvelle
les bains jusqu'à nuance désirée; on lave ensuite, et on sèche à l'air, et mieux à l'étuve.

On découvre que ces bleus, très-usités aujourd'hui, sont de faux teint, en les essayant
par l'acide sulfurique très-foible, qui ne laisse

que le pied primitif du bleu solide. On peut leur donner un peu plus de solidité, en en-gallant sur le pied bleu.

Je fais plus simplement et plus solidement les bleus remontés par la méthode suivante.

Je passe le coton, piété en bleu et abreuvé, d'abord dans un bain tiède de pyrolignite de fer, marquant un demi-degré à l'aréomètre de Baumé, puis dans un bain de Campêche, avec alun seulement, et je réitère les opérations jusqu'à nuance désirée. On lave et on sèche à l'ordinaire.

CHAPITRE IV.

Bleu petit teint, ou sans indigo.

Ces bleus se font sur coton simplement dé-bouilli. On les abreuve, et on les passe alter-nativement d'un bain chaud de Campêche, avec alun, dans une dissolution chaude de vitriol bleu ou de verdet-gris.

On peut aussi faire ces petits bleus, en mettant l'alun et le verdet-gris dans le bain de Campêche. On renouvelle le bain autant que le besoin l'exige.

Ces bleus n'ont que très-peu de solidité :

ils résistent à peine au savon, et sont détruits,
sur-le-champ, par les acides les plus foibles ;
le vinaigre, par exemple.

SECTION TROISIÈME.

DES PROCÉDÉS POUR TEINDRE LE COTON EN ROUGE.

On teint le coton en rouge, petit teint, par
le Brésil, le saffranum et le rocou ; en rouge
bon teint, par la garance ; et en rouge grand
teint, dit des Indes ou d'Andrinople, par la
garance, lorsque le coton a été préparé à cette
teinture par des apprêts particuliers. Nous allons exposer successivement la manière d'obtenir ces différents rouges.

CHAPITRE I.

Rouge petit teint, par le bois de Brésil.

Il nous vient, du Brésil, de Fernambouc,
de Sainte-Marthe, du Japon, de Sapan, etc.,
des bois rouges dont on fait un usage utile

et assez fréquent dans l'art de la teinture. Les Antilles nous fournissent aussi un bois nommé *brésillet*, qui a quelques rapports avec les précédents.

De tous ces bois, celui qu'on nomme de *Brésil*, ou de *Fernambouc*, est aussi celui qui rend le plus de service, et que l'on doit préférer à tous les autres, soit à raison de l'abondance de ses parties colorantes, soit à raison de la beauté de la couleur qu'il produit.

Le bois de Brésil, bien connu des teinturiers, est pesant et très-sec : quand on le brûle, il pétille, et ne fait presque point de fumée. La couleur qu'il donne est assez belle, mais passe aisément, et ne prend un peu de solidité qu'avec la noix de galle, l'alun et la dissolution nitro-muriatique d'étain, appellée *composition*, dans les ateliers.

Pour préparer ce mordant, après avoir fait dissoudre deux onces de sel ammoniac dans une livre d'acide nitrique, à vingt-huit ou trente degrés, on y jette successivement et par petites parties, deux onces d'étain fin ou de malac, et effilé au tour. Lorsque tout l'étain est dissous, on laisse reposer, on décante ensuite, et on ajoute à la liqueur un quart en poids d'eau pure ou de pluie.

L'opération doit se faire dans un vase de verre ou de grès : on conserve la liqueur dans des vases de même matière, et bien fermés.

On enlève au brésil toute sa partie colorante, par l'action seule de l'eau bouillante.

Pour cet effet, on fait bouillir, pendant trois heures, cinquante livres de bois de Brésil, réduit en copeaux, avec trente seaux d'eau. (*Le seau contient six pots, et le pot deux pintes.*) On verse ce premier bain dans deux tonnes, par portions égales. On répète l'ébullition, une seconde fois, avec vingt seaux, et une troisième fois, avec douze seaux d'eau, et on distribue le bain dans chaque tonne ; comme il a été dit. On le conserve, dans un endroit frais, assez long-temps pour qu'il puisse subir une fermentation, qui, dans l'espace d'un mois ou six semaines, le rend *filant*. C'est dans cet état qu'on doit l'employer pour obtenir de belles couleurs.

- Certaines vapeurs, telles que celles des latrines sur-tout, font *tourner* le bain ; c'est-à-dire, qu'elles le privent de sa faculté colorante, en le décomposant.

Le bain de brésil, vieux cuit, a une couleur

de feuille morte , que les acides font passer au rouge , tandis que l'alun la change en pourpre , et les alkalis en cramoisi.

On obtient un rouge passable , en plongeant le coton engallé , aluné et lavé d'alun , dans un bain chaud de bois de Brésil. On lise d'abord le coton dans le bain pour bien unir la couleur ; on l'y abat ensuite , et on le laisse plongé jusqu'à ce que l'on voie que la couleur ne monte plus ; on relève , on tord , et on rabat dans un nouveau bain, un peu plus foible que le premier, pour achever de bien nourrir la couleur.

Pour les rouges riches et foncés , on emploie deux onces de noix de galle en sorte , et de quatre à cinq onces de bois par livre de coton.

Au sortir du dernier bain , on tord ; on met à la perche pendant un quart-d'heure ; on lave légèrement, et on sèche à l'air et à l'ombre.

La couleur est plus belle par le procédé suivant, que j'ai fait connoître depuis long-temps.

Je passe le coton , débouilli et engallé seulement, dans la dissolution nitro-muriatique d'étain , assez étendue d'eau froide pour ne marquer que cinq ou six degrés à l'aréomètre :

le coton étant bien imprégné de cette dissolution, on le tord à la main, on l'évente pendant quelques minutes, et on le teint comme
il vient d'être dit.

Si, au lieu de galle, on se sert de sumac,
sans rien changer du reste, on obtient un *rouge
orangé*, dont la nuance approche de celle du
rouge des Indes.

Le même procédé donne le *cerise* et le *rose*,
en diminuant la force des mordants, et sur-
tout celle du bain colorant, qu'il faut étendre
alors d'une quantité d'eau suffisante, et que
l'expérience fera aisément connoître.

On aura une couleur pourprante, en mettant un peu d'alun dans le bain; et le cramoisi,
si l'on y verse quelques gouttes de potasse.

En se servant de la dissolution d'étain, la
couleur donnée par le brésil résiste assez bien
à l'air et à la lumière; mais peu au savon qui
altère la nuance.

CHAPITRE II.

Rouge de carthame.

Le carthame, ou *saffranum*, est une plante
que l'on cultive en Espagne, en Egypte et dans

le Levant : sa fleur seule est employée en teinture.

Le carthame contient deux sortes de parties
colorantes ; l'une jaune, et l'autre rouge.

La partie colorante jaune est dissoluble dans
l'eau, et on l'enlève par des lotions abondantes
et réitérées. Pour extraire la partie colorante
rouge du carthame, ainsi lavé, on le distribue
dans des vaisseaux de sapin ; on·le saupoudre,
à diverses reprises, de carbonate de soude,
bien pulvérisé, de manière à employer en tout
six livres de ce sel pour cent livres de fleurs.
On mêle bien, on verse de l'eau pure et froide,
qu'on laisse séjourner quelques heures, et qu'on
laisse échapper ensuite : on met à part le bain
de ce premier coulage ; on en fait un second,
un troisième, etc., jusqu'à ce que le carthame
soit devenu jaune, et on conserve à part chacun
de ces coulages.

Pour teindre avec ces bains, on commence
par y verser de l'acide tiré du citron, ou de
l'acide sulfurique assez étendu d'eau pour
ne marquer qu'un degré et demi, tout au
plus, à l'aréomètre, jusqu'à ce que le bain
devienne d'une belle couleur rouge de cerise : on remue bien, et on y passe le coton

simplement débouilli , et bien abreuvé , aussi long-temps qu'on s'apperçoit qu'il tire de la couleur.

Tous les bains doivent s'employer frais et à froid. Quelques teinturiers , pour diminuer la dépense , étendent ces bains d'environ un cinquième de bain d'*orseille* (1) ; mais cette pratique , outre qu'elle n'est point économique , nuit à la beauté de la couleur.

Pour le rouge *ponceau* , on passe successivement sur plusieurs bains de premier coulage , ayant soin de laver et de sécher entre chaque opération.

Les *nakarats* et *cerises* se font dans les bains qui ont servi au ponceau.

On obtient les *couleurs de rose* et de *chair* sur les second et troisième bains de coulage. Pour la couleur de chair , on met un peu de

______

(1) L'orseille est une pâte molle , d'un rouge violet , et dont on distingue deux espèces ; l'une , *l'orseille de terre* ou d'*Auvergne* ; l'autre , l'orseille d'herbe ou orseille des Canaries. On les prépare toutes deux avec des espèces particulières de *lichens*. La partie colorante de l'orseille est tellement fugace , que nous croyons que l'on doit renoncer à l'employer sur coton.

savon dans le bain ; on lave ensuite , et on avive sur un bain qui a donné une couleur plus foncée.

Toutes les couleurs dont on vient de parler sont de petit teint : elles résistent au vinaigre, mais ne tiennent pas beaucoup à l'air et à la lumière.

Chapitre III.

Rouge par le rocou.

Le rocou est une pâte assez sèche qui nous vient d'Amérique , en pains enveloppés de larges feuilles de roseaux , et que l'on prépare avec les semences d'un arbre nommé, par Linnæus, *Bixa orellana.*

La décoction de rocou a une couleur rouge jaunâtre, ou rouge orangé.

Pour préparer le bain de rocou, on fait bouillir cette substance , pendant *quelques moments*, avec environ son poids de potasse.

Quelques Auteurs conseillent de préparer le bain à froid, en couvrant le rocou d'une dissolution de potasse un peu caustique. On laisse reposer vingt-quatre heures, on décante et on filtre ; on verse de nouvelle eau , et à diverses reprises, jusqu'à ce que le fluide ne se colore plus : on mêle ces liqueurs ensemble, et on les conserve dans un vase bien bouché.

Pour teindre avec le rocou, on passe le coton, débouilli à l'ordinaire, et abreuvé à l'eau chaude, dans un bain chaud plus ou moins fort de rocou, et que l'on renouvelle suivant la nuance que l'on se propose d'obtenir. On peut aviver dans une légère dissolution d'alun, ou de muriate d'étain.

On se procure, de cette manière, les couleurs *nankin, orange, aurore*, etc. : toutes ces couleurs sont de petit teint.

On se sert aussi souvent du rocou pour donner un pied au coton destiné à recevoir certaines couleurs ; ainsi, pour avoir un jaune orangé, on peut commencer par teindre en rocou, et finir sur un bain de gaude.

On obtient une couleur capucine, en teignant en brésil sur un pied plus ou moins fort de rocou.

CHAPITRE IV.

Rouge de garance.

La garance est une plante dont la racine

fournit à la teinture des couleurs aussi belles que solides. Cette plante croît naturellement dans certains pays ; dans d'autres, on la cultive avec soin, on la sèche à l'air, ou mieux à l'étuve : on la moud ensuite, et on la crible pour avoir différentes espèces de garances.

On donne le nom de garance *non-robée* à ce qui passe à travers le crible après la première mouture : cette poudre contient des parties terreuses, de l'épiderme et de l'écorce.

La garance *mi-robée* est celle qui passe au crible après la seconde mouture ; elle contient de la moëlle, de l'écorce et des petites racines qui sortent de la racine principale.

La garance *robée*, qu'on nomme aussi *grappe*, est la meilleure, et se tire de la moëlle de la racine.

Les meilleures garances viennent de Smyrne et de Chypre, où elles sont connues sous le nom de *lisary*. La ci-devant Provence en fournit aussi de très-bonnes : celles qui nous viennent d'Alsace et de Hollande ne sont pas aussi estimées.

Toutes les garances ont une saveur sucrée, et une odeur forte sans être désagréable : la couleur varie suivant les espèces.

Les garances d'Alsace et de Hollande ont une couleur *jaune safranée ;* celles de Smyrne et de Chypre, une couleur *brune ;* et celles de Provence, une couleur *rouge.* On les emploie quelquefois seules ; on les mélange, d'autres fois, en certaines proportions.

On doit conserver la garance dans un endroit sec, et à l'abri du contact de l'air : cette substance acquiert de la qualité en vieillissant.

L'eau en extrait la partie colorante, même à froid, mais l'extraction ne se fait bien qu'à large bain.

Tous les acides, même les plus foibles, détruisent la couleur de la garance ; voilà pourquoi on se sert d'alun *saturé,* ou d'acétate d'alumine, pour aluner les cotons qui doivent passer en bain de garance.

Les alkalis, comme la potasse et la soude, paroissent favoriser l'extraction de la partie colorante, mais ils lui donnent une nuance tirant sur le brun ou sur le pourpre.

Pour donner au coton un beau rouge de garance, on décreuse, on engalle à raison de quatre onces de galle en sorte, par livre de coton ; on alune avec un quart en poids d'*alun saturé ;* on alune une seconde fois avec deux

onces

onces d'alun saturé (par livre de matière) ;
que l'on fait dissoudre dans le restant du bain
d'alun précédent ; on sèche bien entre chaque
opération ; on met quelques jours d'intervalle
en're les deux alunages , et on lave d'alun avec
soin. On prépare ensuite un premier bain de
garance , avec trois quarts en poids de la substance à teindre : la garance de Provence est
celle que l'on doit préférer. Lorsque l'eau du
bain est chaude à pouvoir y tenir la main ,
on y distribue la garance , et on l'agite quelques minutes avec un bâton ; on plonge alors
une partie des matteaux placés sur les *lisoirs* ;
on lise pour bien unir la couleur ; on ramène
de temps en temps, dans le bain, la partie qui
étoit au-dehors , et on élève graduellement ,
pendant ce temps , qui doit être d'une heure
environ , la chaleur jusqu'au degré de l'ébullition : on plonge alors entièrement les matteaux dans le bain ; on bout dix ou douze
minutes ; on laisse refroidir un moment ; on
lave, et on donne un second bain semblable
au premier ; on relève , on égoutte , on tord ,
on lave à la rivière , on tord à la cheville ; et
on sèche.

On avive la couleur en passant le coton dans

F

une eau de savon, où il entre deux ou trois onces de cette substance par livre de matière.

Le rouge de garance vient encore mieux, si, au lieu d'aluner avec l'alun saturé, on donne les deux alunages avec le *mordant de rouge des imprimeurs*, c'est-à-dire, avec l'*acétate d'alumine*, étendu d'eau pure et tiède, suffisamment pour que la liqueur marque de quatre à cinq degrés, à l'aréomètre : le reste du procédé est entièrement le même que celui qui vient d'être exposé.

Chapitre V.

Du rouge dit des Indes, ou d'Andrinople.

Le procédé du rouge des Indes se compose d'une série d'opérations assez nombreuses, dont je crois devoir avant tout donner une idée générale, en suivant exactement l'ordre dans lequel ces opérations doivent s'exécuter.

Ire. Opération. *Décreusage.*

Il a pour but, comme nous l'avons déjà dit ailleurs, d'enlever au coton la couleur naturelle qui lui est propre, pour le rendre susceptible de recevoir les mordants et la couleur étrangère qu'on se propose de lui appliquer.

On atteint très-simplement ce but, en faisant bouillir le coton, pendant six heures environ, dans une lessive de soude à un degré de l'aréomètre. On emploie de cinq à six cents pintes de cette lessive par cent livres de coton ; on égoutte ensuite le coton au-dessus de la chaudière ; on le rince bien en eau courante, et on le fait sécher à l'air.

Dans les ateliers où l'on fabrique le rouge des Indes, au lieu de lessive de soude, on se sert, pour débouillir le coton, des *eaux de dégraissage*, dont il sera parlé plus loin, ce qui rend cette première opération plus économique.

IIe. Opération. *Bain de fiente, ou bain bis.*

Suivant le Pileur d'Apligny (*Art de la teinture des fils et étoffes de coton*), la fiente et la liqueur intestinale du mouton, ne sont d'aucune utilité pour la fixité de la couleur ; mais on sait, continue cet auteur, que cette sorte d'excrément contient une grande quantité d'alkali volatil tout formé, qui a la propriété de roser le rouge.

(84)

Félix adopte cette opinion dans un Mémoire sur la teinture et le commerce du coton filé rouge de la Grèce. (*Ann. de Chim.*, tom. 31, pag. 195.)

Dans un Mémoire sur les effets des bains de fiente dans la teinture du rouge des Indes, que j'ai lu, en 1806, à l'Académie de Rouen, et que j'ai publié depuis dans le Journal de Physique (*année* 1808), je crois avoir démontré au contraire que la fiente de mouton, à l'état où on l'emploie, ne contient point d'alkali volatil, ou d'ammoniaque ; que cet alkali n'a point la propriété de *roser* le rouge, c'est-à-dire, de donner au rouge de l'éclat et du feu ; enfin, que la fiente n'agit que par la liqueur albumino-gelatineuse qu'elle contient en assez grande abondance, et qui contribue puissamment à fixer la couleur, par la forte attraction qu'elle exerce, comme toutes les matières animales, sur les parties colorantes. Les bains de fiente n'ont donc pour but, suivant moi, que d'*animaliser* en quelque sorte le coton, et de lui communiquer par-là, jusqu'à un certain degré, la propriété dont jouissent les subtances animales, d'entrer plus aisément en combinaison avec les parties colorantes, et de former avec elles des composés plus solides, et par conséquent plus durables.

Cette théorie explique pourquoi à la liqueur intestinale des ruminants, qu'il seroit impossible de se procurer en quantité suffisante aux besoins des ateliers, on a substitué la fiente des animaux de même genre.

Avant d'employer la fiente, on la fait tremper pendant quelques jours dans une petite quantité d'eau de soude, à quatre degrés de l'aréomètre. Vingt-cinq livres de fiente, trente au plus, suffisent pour cent livres de coton. On délaye ensuite la fiente, qu'on a soin d'écraser en même-temps avec la main, dans une bassine de cuivre dont le fond est criblé de trous, à travers lesquels elle passe, entraînée par l'eau de soude qui sert à la délayer, et qu'on ajoute peu à peu jusqu'à ce que l'on en ait employé cent-cinquante pintes. On verse cette liqueur dans un baquet où l'on a mis douze livres et demie d'huile grasse, et on pallie bien pour mêler les trois substances qui entrent dans la composition du bain.

Le bain étant ainsi préparé, on l'emploie de la manière suivante.

On prend, avec une sebille de bois, une por-

tion du bain, on la verse dans une terrine ver-
nissée, scellée dans une maçonnerie à hauteur
d'appui ; on y plonge alors une pente de coton ;
on la retourne à diverses reprises, en la foulant avec les poignets, et de manière à la bien
imbiber ; on la retire ensuite, on la tord à
l'aide d'une cheville scellée dans le mur au-
dessus de la terrine, et on la pose sur une
table placée près de l'endroit où l'ouvrier travaille : on répète la même manœuvre sur toutes
les pentes, et douze heures après que le bain
a été donné, on porte le coton à l'étendage
sur des perches de bois blanc, ayant soin de
secouer et de retourner de temps en temps
les pentes, afin que le coton puisse sécher uniformément.

Il est *essentiel* que le coton subisse une dessication parfaite après chaque opération. La
dessication à l'air ne suffit pas pour obtenir
une couleur riche et solide, et ce n'est que
dans les *sécheries* construites à cet effet, que
le coton peut achever de perdre l'humidité qui
l'empêcheroit de se combiner aux apprêts, et
aux mordants, en général, qu'il doit recevoir
successivement.

Lorsque le coton a été passé en fiente, il

faut bien prendre garde de le laisser entassé en certaine quantité , et pendant un certain temps. On a vu des cotons ainsi abandonnés, prendre feu , et occasionner des incendies désastreux.

Ce qui reste du bain de fiente , sert aux bains suivants , et se nomme *avances*.

IIIe. Opération. *Bain d'huile* ou *bain blanc*.

Ce bain se prépare en versant cent-cinquante pintes de lessive de soude à deux degrés, sur dix livres d'huile grasse ; on mêle bien avec le rable , et on reconnoît que le bain est de bonne qualité lorsque l'huile ne se sépare pas en montant à la surface : on mêle ce bain avec le reste du précédent , et on y passe le coton, pente par pente , comme dans l'opération précédente ; on le laisse douze heures sur la table , et on le sèche ensuite à l'air d'abord , puis à la sécherie.

On doit répéter ce bain une fois ou deux, en tout trois fois, suivant les circonstances dont nous parlerons plus bas.

Relativement aux bains huileux , nous remarquerons en général que si , pendant l'hiver,

il convient de les tenir dans un endroit dont
la température soit de huit ou dix degrés,
échelle de Réaumur, il faut bien se garder de
chauffer ces bains , qui, en s'épaississant par
l'action du feu, n'auroient plus assez de fluidité
pour pénétrer dans le coton. Ce coton prendroit
mal ensuite et la galle et l'alun, et sortiroit
très-maigre du bain de teinture.

Pour rétablir des cotons de cette espèce, on
alune sur teinture, on sèche et on lave : on
teint avec une livre de garance, on lave et on
sèche encore; on termine par le rosage, sans
aviver. (*Voyez les opérations suivantes.*)

IVe. Opération. *Premier sel.*

On verse dans un baquet environ cent pintes (six seaux) de lessive de soude à deux degrés et demi ; on y ajoute ce qui a pu rester
des bains blancs, et l'on y passe le coton comme
dans les bains précédents.

V^e. Opération. *Second sel.*

On ajoute à ce qui reste du bain de la dernière opération cent pintes d'eau de soude à

trois degrés, et on y travaille le coton comme ci-dessus.

VIᵉ. Opération. *Troisième sel.*

On ajoute encore à ce qui reste du bain précédent, cent pintes de lessive de soude à trois degrés et demi, et on y passe le coton de la manière dont il a été dit plus haut, ayant toujours l'attention de bien sécher entre chaque sel.

Ce qui reste du bain se nomme *sikiou*, et sert à l'*avivage*.

VIIᵉ. Opération. *Dégraissage.*

On se propose, par cette opération, d'enlever au coton l'huile qui pourroit ne lui être pas combinée, et qui l'empêcheroit de bien prendre la galle.

Pour cela on laisse tremper le coton, pendant une heure environ, dans de l'eau tiède ; on relève, ensuite on tord à la main ; on lave avec soin à la rivière, on tord à la cheville avec le chevillon, et on sèche à l'air, puis à l'étuve.

Le coton qui n'est pas bien dégraissé, ne

prend pas également la couleur ; celui qui l'est trop, ne prend qu'une couleur maigre.

Ce qui reste des eaux du dégraissage, sert à décreuser le coton.

VIIIe. Opération. *Engallage.*

On fait cuire de vingt à vingt-cinq livres de noix de galle par cent de coton, dans six seaux d'eau, qu'on rafraîchit ensuite par trois seaux d'eau fraîche ; et la décoction étant encore chaude au point de pouvoir y tenir à peine la main, on y passe le coton, pente par pente, en le foulant à l'ordinaire dans une terrine destinée à cet usage ; on tord légèrement à la cheville placée au-dessus de la terrine, et on porte *de suite* à l'étendage, à l'air libre si le ciel le permet, et sous un angar dans les temps pluvieux ou humides, observant toujours de terminer la dessication à l'étuve.

On n'emploie quelquefois que dix-huit à vingt livres de noix de galle, et on ne donne alors que trente livres d'alun.

IXe. Opération. *Alunage.*

Pour aluner cent livres de coton, on dissout

trente ou trente-cinq livres d'alun bien pur , c'est-à-dire, exempt de fer , dans six à sept seaux d'eau , sans bouillir. Lorsque la dissolution est faite, on y ajoute, par parties , un demi-seau d'eau de soude à quatre degrés ; on agite bien , et lorsque l'effervescence est terminée , et que l'on ne voit plus de petites bulles crever à la surface, on laisse reposer , on décante dans un baquet , et quand la dissolution n'est plus que tiède , on y passe le coton comme dans les bains précédents : on laisse le coton douze heures sur la table ; on fait ensuite sécher lentement à l'air et à l'ombre , et on achève la dessication à la sécherie.

On donne quelquefois deux alunages avec vingt livres d'alun au premier, et quinze livres au second , en mettant entr'eux quelqu'intervalle , pendant lequel on laisse , un ou deux jours, le coton mouillé de son alun : on sature l'alun de la même manière et dans les proportions indiquées.

On doit se dispenser de saturer l'alun toutes les fois qu'on a donné beaucoup de sels , et à un fort degré , comme on le verra plus loin.

X^e. Opération. *Lavage d'alun.*

Ce lavage doit se faire à la rivière, avec le plus grand soin, pour emporter toute la portion d'alun qui ne seroit pas entrée en combinaison avec le coton ; ou mieux, avec les mordants qu'il a déjà reçus. Nous avons observé ailleurs que l'alun n'étoit pas entièrement saturé, et qu'il n'avoit fait que passer de l'état de sulfate acide à celui de sulfate acidule. L'alun contient donc encore un léger excès d'acide : or, nous avons remarqué aussi que les acides, même les plus foibles, détruisoient la couleur de garance ; par conséquent, un coton mal lavé de son alun, ne pourroit que courir des risques dans le bain de garance.

X I^e. Opération. *Garançage.*

On ne teint que vingt-cinq livres de coton à-la-fois. La chaudière qui sert à cette opération, a la forme d'un carré long, et contient environ vingt-cinq seaux d'eau : on y verse vingt-cinq pintes de sang de bœuf, qu'on mêle bien à l'eau avec le rable ; on ajoute cinquante livres de garance de Provence, ou trente livres de cette dernière , et vingt livres de lisari de Smyrne , et on pallie bien.

Lorsque le bain commence à tiédir on y plonge le coton , dont on a passé les pentes sur les lisoirs ; on fait plonger successivement les lisoirs dans le bain , ayant soin de bien enfoncer le coton, de retourner de temps en temps les pentes bout pour bout, de les agiter dans le bain pour que la couleur s'applique également : on soutient cette manœuvre pendant cinq quarts d'heure , la chaleur allant toujours en augmentant graduellement jusqu'au degré de l'ébullition ; en ce moment on retire les pentes des lisoirs , que l'on passe dans les boucles de ficelles qui tiennent les pentes : celles-ci se trouvent submergées. On soutient l'ébullition pendant trois quarts d'heure environ ; on retire les pentes ; on les laisse égoutter en refroidissant ; on lave en eau courante jusqu'à ce que l'eau sorte claire , et on fait sécher à l'air , puis à la sécherie.

Quelques teinturiers teignent en deux fois , en employant à chaque fois moitié du poids total de la garance ; mais on ne sèche point entre les deux bains , on se contente de bien laver.

. On peut aussi aluner, entre deux teintures, avec dix livres d'alun, en supposant qu'on ait employé vingt livres d'alun dans l'alunage qui succède à l'engallage.

XIIe. Opération. *Avivage*.

Pour aviver le *gros rouge* de garance, donné par l'opération précédente, on passe le coton dans le sikiou, on l'exprime légèrement ensuite, et on le fait sécher : lorsqu'il est bien sec, on fait dissoudre six ou huit livres de savon blanc, suivant la force du gros rouge, dans trente-six seaux d'eau, et on fait bouillir, à petits bouillons, pendant cinq ou six heures, ayant soin de tenir la chaudière couverte, pour retenir les vapeurs, auxquelles cependant on doit ménager une petite issue, soit par un tube de quatre à cinq lignes de diamètre, placé sur le couvercle, soit par de grosses toiles interposées entre les bords de la chaudière et son couvercle.

On peut abréger l'opération en faisant bouillir simplement le coton dans le sikiou, auquel on ajoute six ou huit livres de savon, dissous dans une quantité d'eau suffisante pour qu'il y ait environ six cents pintes de liquide dans la chaudière.

On compose aussi le bain d'avivage avec six à huit livres de savon, quatre à cinq livres d'huile, et trente-six seaux d'eau de soude à un degré.

Enfin, pour les rouges communs et de bas prix, on peut aviver à l'eau de soude sans savon.

Après cinq ou six heures d'ébullition environ, on laisse refroidir le coton dans la chaudière; on l'exprime, on le lave à la rivière, on le tord ensuite à la cheville, et on sèche.

L'avivage, bien fait, enlève au gros rouge sa teinte brune et sombre, et le rouge, bien découvert, a déjà acquis de la vivacité.

XIIIe. Opération. *Rosage.*

Pendant long-temps on s'est contenté d'exposer quelques jours, sur le pré, les toiles fabriquées avec le coton teint en rouge des Indes, pour lui faire prendre un certain vif qui le rend très-agréable.

Depuis une vingtaine d'années on a commencé, à Rouen, à se servir, dans le même dessein, et avec plus de succès, de la dissolution nitro-muriatique d'étain. Après y avoir travaillé le coton, on le faisoit bouillir dans une chaudière, comme pour l'avivage, avec quinze ou dix-huit livres de savon blanc, et six cents pintes, ou trente-six seaux d'eau pure.

Depuis environ douze ans, à la dissolution précédente, on a substitué le muriate d'étain, connu, dans les atteliers, sous le nom de sel d'étain; et voici de quelle manière on parvient à donner au coton une vivacité et un éclat particulier, qui assure aux rouges de Rouen une supériorité que les fabriques des autres départements n'ont encore pu atteindre.

Dans trente-six seaux d'eau, on fait dissoudre seize ou dix-huit livres de savon; d'un autre côté, on fait dissoudre une livre et demie, ou deux livres de sel d'étain, dans deux pintes d'eau tiède, et on y verse environ huit onces d'acide nitrique à vingt degrés. L'eau de savon ayant jetté quelques bouillons, on y verse la dissolution métallique, et l'on agite bien le bain, qui, pour être de bonne qualité, doit être transparent. On met alors le coton dans la chaudière, et on le fait bouillir, avec les mêmes précautions que pour l'avivage, et jusqu'à ce qu'un échantillon,

tillon, sur lequel on règle le temps de l'ébullition, sorte d'un beau vif, après avoir été expri-
mé de son bain. On relève et on lave le coton
encore chaud ; on sèche, et le coton est fini.

L'acide nitrique ne sert pas seulement à
éclaircir la dissolution du sel d'étain, il agit
encore immédiatement sur la couleur, et lui
donne un œil orangé agréable ; mais il faut
bien prendre garde d'employer cet acide au-
delà de la quantité que nous recommandons
ici, car le savon seroit bientôt décomposé :
l'huile viendroit nâger à la surface, et donneroit au bain une couleur jaune qui annonce
que l'opération est manquée.

En cherchant à me rendre compte de ce
rosage, j'ai cru pouvoir expliquer ses effets
par la formation d'un savon métallique, dont
l'oxide est rendu soluble dans l'eau par le moyen
de l'alkali.

On peut aussi roser le coton en le passant
dans la dissolution de muriate d'étain, faite
comme ci-dessus, mais à grande eau, et le faire
bouillir ensuite dans l'eau de savon. On emploie une livre et demie ou deux livres de sel
d'étain, et seize livres de savon seulement.

J'ai découvert, il y a quelques années, que

le sulfate, acide de potasse, associé au savon, et dans la proportion de deux ou trois livres sur cent de coton, peut remplacer le sel d'é-tain. L'expérience en a été faite en grand, à ma sollicitation, par M. Guain, teinturier en rouge des Indes, à Bapaume près Rouen. Outre que le sulfate, acide de potasse, est moins cher que le sel d'étain, il donne au rouge une nuance particulière et très-agréable à l'œil.

Telles sont, en général, les opérations qui se pratiquent dans la teinture du rouge des Indes. La liqueur albumino-gélatineuse, l'huile, la noix de galle et l'alun, sont les quatre mordants à l'aide desquels on parvient à fixer solidement la partie colorante de la garance. Les deux dernières opérations, savoir, l'avivage et le rosage, ne servent qu'à développer la couleur et à la rendre plus brillante.

Il ne seroit pas difficile de rattacher chacune de ces opérations aux principes de la chimie ; mais j'écris pour les ouvriers particulièrement, et je dois, par cette raison, m'interdire tout ce qui ne se lie pas essentiellement à mon objet, et qui pourroit rebuter la classe de lecteurs auxquels je destine mon ouvrage.

D'ailleurs, MM. Berthollet et Chaptal ont déjà écrit si savamment sur cette matière, qu'il reste peu de chose à ajouter. (*Voyez les éléments de l'Art de la teinture, par Berthollet , et un Mémoire de Chaptal, ann. de chimie, tom. 26, page 251.*)

J'observerai seulement que les ôpérations qui viennent d'être exposées ici , demandent à être conduites avec un très-grand soin et une attention toute particulière , je dirois presque minutieuse. Ainsi la manière de composer les bains bis ou blancs , d'y passer le coton , de dégraisser , de donner la galle et l'alun, de laver le coton lorsque cela est nécessaire , de le sécher sur-tout , de teindre, d'aviver , de roser enfin ; la manière, dis-je, d'exécuter ces diverses manipulations , influe singulièrement sur le résultat , et cette manière d'opérer ne peut bien s'apprendre que dans les ateliers , et en travaillant soi-même. Une seule opération omise ou mal faite, suffit quelquefois pour faire manquer le but. Parmi les teinturiers qui s'oc-cupent de cette partie de la teinture , tous ne réussissent pas également, parce que tous ne donnent pas la même attention au choix d'une bonne marche, à la qualité et à la proportion

des ingrédiens., et ne veillent pas également
sur l'exactitude et la précision avec laquelle
les opérations doivent être conduites. Delà la
grande variété qu'un œil un peu exercé est à
portée de saisir entre les rouges qui sortent
des différens ateliers. On cherche à écono-
miser sur l'huile, sur la noix de galle, etc.; on
voudroit abréger un procédé très-long, j'en
conviens; mais on ne s'apperçoit pas qu'au-delà
de certaines limites, on ne peut diminuer la
quantité du mordant, sans affoiblir, par là
même, les liens d'attraction qu'il seroit cependant essentiel de multiplier entre la partie
colorante et la substance sur laquelle on se propose de la fixer. En vain, par exemple, ten-
teroit-on de faire un beau rouge avec vingt-
cinq livres d'huile seulement. On ne peut
guère en employer moins de quarante livres,
et on va assez ordinairement jusqu'à cinquante
livres, et même au-delà. On se tromperoit
également si l'on pensoit que le sumac pût
remplacer la noix de galle en tout, ou même
en partie; qu'il est indifférent d'employer tel
ou tel alun, telle ou telle huile, etc. etc.; qu'on
peut se dispenser de terminer la dessication
par l'étuve, ou qu'on peut chauffer celle-ci à

un degré moindre que celui qui est exigé, et qui doit aller jusqu'au cinquante-cinquième de l'échelle de Réaumur.

Je viens de signaler les causes principales qui nuisent au succès que le teinturier cherche à obtenir. Il en est d'autres, mais moins essentielles, que l'observation lui fera aisément découvrir.

La crainte de grossir un ouvrage qui doit être court, puisqu'il est consacré au service des ateliers, m'empêche d'offrir ici quelques réflexions sur la meilleure construction des fourneaux et des sècheries à l'usage des teinturiers sur fil et sur coton filé. Je regrette d'autant moins d'être obligé de faire ce sacrifice, que nous sommes assez avancés à Rouen sur ces sortes de constructions, et que des Auteurs d'un grand mérite ont publié les méthodes d'après lesquelles on doit construire les fourneaux pour épargner le combustible autant qu'il est possible de le faire.

Je passe maintenant à l'exposition des divers systèmes d'opérations que l'on peut suivre pour teindre le coton en rouge d'Andrinople.

Quoique ces systèmes ou *marches* puissent varier indéfiniment, on peut cependant les réduire à deux principales ; savoir, la *marche en gris* et la *marche en jaune.*

On dit que le coton est *monté en gris*, lorsqu'après l'alunage il ne reçoit plus d'huile, et qu'il porte, au bain de teinture, la couleur grise déterminée par la combinaison qui s'est faite, sur le coton, de la galle avec l'alun.

Comme, au contraire, le coton qui a reçu l'alun, prend une couleur jaune, lorsqu'on le repasse aux bains d'huile, on dit qu'il est *monté en jaune.*

Nous allons donner des exemples de chacune de ces marches.

L'exposition générale que nous avons faite des diverses opérations dont une marche se compose, nous donnera l'avantage de n'avoir qu'à indiquer chacune des opérations dans l'ordre où elle doit être exécutée, sans être obligés d'entrer de nouveau dans les détails.

Première marche en gris.

1°. Débouilli.
2°. Bain de fiente.
3°. Bain blanc.

4°. Bain blanc.
5°. *Idem.*
6°. Premier sel.
7°. Second sel.
8°. Troisième sel.
9°. Dégraissage.
10°. Engallage.
11°. Alunage.
12°. Lavage d'alun.
13°. Garançage.
14°. Avivage.
15°. Rosage.

Seconde marche en gris.

1°. Décreuser.
2°. Bain de fiente. Fiente, douze livres; huile,
cinq à six livres; soude à deux degrés.
3°. Bain *idem.*
4°. Bain *idem.*
5°. Bain blanc. Soude à deux degrés; huile,
de cinq à six livres.
6°. Bain *idem.*
7°. Bain *idem.*
8°. Bain *idem.*
9°. Bain *idem.*

10°. Sel , de deux à trois degrés , suivant qu'on a employé cinq ou six livres d'huile.

11°. Dégraissage à l'eau tiède.

12°. Galle première , huit livres.

13°. Galle seconde , huit livres.

14°. Alun premier , dix-sept livres.

15°. Alun second , dix-sept livres.

16°. Lavage d'alun.

17°. Teinture. De deux à trois livres de ga-rance , en deux fois, par livre de coton.

18°. Avivage. Eau de soude à un degré fort ; huit livres de savon.

19°. Rosage. Savon, dix-huit livres ; sel d'é-tain, une livre : répéter une fois, quand on a donné quarante-huit livres d'huile.

Nous présentons ces deux marches comme des exemples·, et non point comme des règles dont il ne soit pas permis de s'écarter jusqu'à un certain point.

Ainsi, 1°. on peut donner quatre bains blancs, au lieu de trois ou de cinq.

2°. On peut aussi donner un sel de plus, sur-tout si l'on a donné quatre huiles blanches. Le degré des sels peut aussi varier d'un degré entier entre chacun d'eux : dans cette hypo-

thèse , le premier sel seroit à trois , le second
à quatre degrés , et ainsi de suite.

3°. L'engallage et l'alunage peuvent se faire
en deux fois , et en proportion plus ou moins
forte.

4°. Il en est de même du garançage.

5°. On avive une seconde fois , si le coton
n'a pas bien fait au premier avivage.

6°. On répète aussi au besoin l'opération du
rosage.

Ce que nous venons de dire aidera à entendre comment, en suivant un procédé essentiellement le même, quant au fond , on peut
cependant obtenir des nuances de rouge très-
variées , indépendamment même des différen-
ces qu'introduit nécessairement la manière plus
ou moins exacte d'exécuter les manipulations ,
et des diverses circonstances relatives au climat,
à la saison et au temps où se fait le travail.

Marche en jaune.

1°. Débouilli ou décreusage.
2°. Bain de fiente.
3°. Bain blanc.
4°. *Idem.*

5°. Premier sel.

6°. Second sel.

7°. Dégraissage.

8°. Engallage avec quinze livres de galle.

9°. Alunage avec vingt livres d'alun *saturé*.

10°. Lavage d'alun.

11°. Bain blanc.

12°. *Idem*.

13°. Premier sel.

14°. Second sel.

15°. Dégraissage.

16°. Engallage avec douze livres de galle.

17°. Alunage avec quinze livres d'alun *saturé*.

18°. Teinture ou garançage : deux livres et demie de garance de Provence par livre de coton, ou deux tiers de garance de Provence , et un tiers de garance de Smyrne.

19°. Avivage.

20°. Rosage.

La marche en jaune est susceptible des mêmes variations que la marche en gris. On peut donner trois bains blancs avant le premier engallage ; on peut aussi augmenter le nombre des sels, les donner plus ou moins forts, etc.

Cette marche convient sur-tout dans les ateliers où l'on ne veut que des couleurs riches et de la plus grande solidité.

On peut néanmoins arriver au même but, par la marche en gris, en multipliant les bains blancs et les sels ; en donnant deux engallages et deux alunages de suite, et en employant, dans le bain de teinture, un poids de garance proportionné aux mordants que le coton a reçus.

Nous observerons aussi que, dans cette marche, les seules avances qui puissent servir à l'avivage, sont celles où l'on a passé le coton avant qu'il ait reçu l'engallage. Les avances dans lesquelles on a travaillé le coton après l'engallage, ne sont bonnes à rien, et il faut les jetter.

Lorsque le rouge des Indes est fini, on améliore beaucoup la couleur, en conservant, pendant un ou deux mois, le coton enfermé dans des sacs de toile un peu serrée, et légèrement comprimé par des ligatures très-rapprochées les unes des autres, mais un peu lâches. Ceci nous paroît supposer que les mordants n'ont pas complettement épuisé leur action dans l'opération même, et que les affinités,

qui existent entr'eux et la partie colorante ,
ont besoin d'un certain temps pour produire
entièrement leur effet.

Un bon rouge des Indes soutient , pendant
dix minutes , l'action de l'acide nitrique , à
dix-huit degrés de l'aréomètre , sans éprouver
d'altération sensible. En le laissant séjourner
plus long-temps dans cet acide , ou en employant l'acide plus concentré , le coton devient
de plus en plus orangé , et finit par perdre
sa couleur.

Le rouge simple de garance , soumis à la
même épreuve , disparoît en moins de trois
minutes.

Quelques minutes suffisent à l'acide muria-
que oxigéné , pour détruire entièrement le
rouge des Indes le plus solide.

Je terminerai cet article par quelques obser-
vations qui me paroissent mériter de trouver ici
leur place.

. La première regarde les cotons qui , faute
d'avoir été convenablement travaillés dans les
apprêts , ne rapportent du garançage qu'une
couleur maigre , et quelquefois briquetée. Avant
d'aviver ces cotons , on doit leur donner de
nouveaux bains d'huile , et continuer l'opéra-

tion comme s'ils n'avoient pas été teints. L'avivage et le rosage auront un peu moins de force
que dans les cas ordinaires.

2°. Le coton teint en rouge des Indes est
quelquefois trop chargé d'huile, et l'excès qu'il
en contient remonte, avec le temps, à la surface du coton ou des étoffes à la fabrication
desquelles il est employé. La surface est alors
parsemée de petits points blancs qui altèrent
la beauté de la couleur. On remédie à cet inconvénient, en plongeant, pendant quelque
temps, ou en passant le coton ou les étoffes
dans un bain chaud de savon : dix ou douze
livres suffisent par cent livres de matière.

3°. Le sulfate de fer, qui peut être contenu
dans l'alun, brunit plus ou moins le rouge
donné par la garance, et on chercheroit vainement, par des avivages ou des rosages répétés, à ramener la couleur au rouge pur. Le
seul parti à prendre, en ce cas, est de donner
une autre destination au coton, en le teignant
en violet, ou en palliacat, par les moyens qui
seront bientôt indiqués.

4°. Quelque soin que l'on apporte dans la
conduite des opérations, jamais, sur une mise
de coton, qui est ordinairement de cent-vingt-

cinq livres , on ne parvient à obtenir une couleur égale pour toutes les pentes dont se compose la mise. Ces pentes varient entr'elles, soit par le ton , soit par la richesse plus ou moins grande de la couleur. Cet effet me paroît dépendre des légères irrégularités qui échappent à l'ouvrier le plus attentif , dans le cours des manipulations.

Pour remédier à cet inconvénient, qui, jusqu'à ce moment, n'a pu encore être évité, on est obligé , lorsque le coton est fini , de trier les pentes , et d'assortir les nuances entr'elles le plus également qu'il est possible.

5. Enfin , on doit faire attention que le coton filé pour *chaîne* prend plus difficilement la teinture que le coton filé pour *trame*. La raison en est que le coton destiné à former la chaîne des étoffes , a un degré de tors plus considérable que celui qui est employé à former la trame. Les mordants et les parties colorantes doivent par conséquent pénétrer avec moins de facilité dans le coton filé pour chaîne. Cette considération exige que l'on travaille ce dernier un peu plus long-temps dans les bains d'huile , de galle et d'alun ; qu'on augmente un peu la force et le nombre de ces

bains , et qu'on soutienne aussi plus long-temps l'action du bain colorant.

Les détails dans lesquels je suis entré , relativement à la teinture du coton en rouge des Indes , sont très - nombreux , sans doute ; mais en y réfléchissant attentivement , on verra qu'il n'en est pas un seul qui ne porte avec lui un caractère plus ou moins prononcé d'utilité réelle. Je crois , par cette raison , avoir rempli la lacune assez considérable qui se trouve dans les ouvrages des Auteurs qui ont écrit avant moi sur cette belle partie de l'Art de la teinture.

Chapitre VI.

Couleur rose , grand teint.

1°. Débouilli.

2°. Bain de fiente.

3°. Bain d'huile.

4°. *Idem.*

5°. Premier sel.

6°. Second sel.

7°. Dégraissage.

8°. Engallage. Seize livres de galle blanche , pour cent de coton.

9°. Alunage, en deux fois, avec trente-six livres d'alun pur et saturé.

10°. Lavage d'alun.

11°. Garançage, avec trente livres de garance de Provence, et vingt livres de garance de Smyrne, pour vingt-cinq livres de coton.

12°. Premier avivage, avec six cents pintes d'eau de soude à un degré et demi, et huit livres de savon : bouillir pendant deux heures.

13°. Second avivage, avec dix-huit ou vingt livres d'alun non saturé, et deux livres et demie d'acide sulfurique dans six cents pintes d'eau : bouillir trois quarts d'heure.

14°. Premier rosage, avec une livre et demie de sel d'étain, et douze livres de savon.

15°. Second rosage, si toutefois il est nécessaire.

Le rose, comme on voit, n'est qu'un rouge dégradé, et je n'ai pu trouver, jusqu'à ce moment, le moyen direct d'obtenir cette couleur, mais du moins le procédé est certain, et beaucoup plus simple et plus sûr que tous ceux qui ont été publiés.

Chapitre

(113)

CHAPITRE VII.

Couleur cerise, grand teint.

Le procédé est le même que pour le rose, si ce n'est qu'on diminue un peu les proportions des ingrédients qui entrent dans les avivages, et qu'on ne rose qu'une fois.

~~~~~~~~~~~~~~~~~~~~~~~~~~~~~~~~~~~~~~~

SECTION QUATRIÈME.

DU JAUNE.

Outre les jaunes qu'on tire des végétaux, il s'en fait au moyen de quelques préparations de fer.

Les végétaux les plus employés, pour donner au coton la couleur jaune, sont le *curcuma*, ou *terre-mérite*, le *fustet*, la *gaude* ou *vaude*, le *bois jaune*, le *quercitron* et le *peuplier d'Italie.*

H
~~~~~~~~~~~~~~~~~~~~~~~~~~~~~~~~~~~~~~~

CHAPITRE PREMIER.

Jaune de curcuma.

Le curcuma, ou terre-mérite, est la racine d'une plante herbacée, de l'Inde, de la famille des *balisiers*. Ce genre comprend deux espèces ; le curcuma *long* et le curcuma *rond*. C'est de la première espèce , sur-tout, dont on se sert en teinture. Cette racine, réduite en poudre, et bouillie quelques moments dans l'eau, donne un bain dans lequel le coton prend un jaune doré très-agréable, mais peu solide, puisque la moindre quantité de savon ou d'alkali suffit pour faire virer la couleur au rouge. Aussi le jaune de curcuma est-il réputé de *faux teint*. On ne connoît encore aucun mordant qui puisse assurer la couleur. Le muriate d'étain la rend un peu moins fugace.

CHAPITRE II.

Jaune de fustet.

Le bois de fustet (*Rhus cotinus Linnée*), croît dans les parties méridionales de l'Europe et de la

France. Traité à l'eau bouillante, il donne aussi un jaune doré assez éclatant, mais qui n'a pas plus de solidité que le précédent : il ne résiste point au savon, ni à l'air, et sur-tout à la lumière.

Quoique ce bois ne fournisse que des couleurs de petit teint, on peut cependant en tirer un parti utile dans ces sortes de couleurs.

Une suite d'expériences que j'ai entreprises sur cet objet, m'a appris 1°. que la décoction chaude de fustet, donnoit au coton débouilli un jaune doré très-agréable.

2°. Que la même décoction, aidée par le sel d'étain, fournissoit les couleurs *nankin*, *chamois*, *ventre de biche*, etc.

3°. Que quelques gouttes de carbonate de potasse, versées dans la décoction, changeoient sa couleur naturelle en *ponceau* et *couleur de chair*.

Un acide quelconque, foible, détruit ces couleurs, et le jaune reparoît.

4°. Que la dissolution d'alun rend plus foncée la nuance de jaune doré.

5°. Que le coton engallé, passé d'abord dans un mordant ferrugineux, tel que le sulfate ou le pyrolignite de fer, puis dans la décoction du bois de fustet, prenoit la couleur de *pistache*, de *vert Américain*, et de très-belles nuances d'*olives*.

6°. Que les verts qu'il donne avec le bleu d'indigo, sont moins beaux que les verts de gaude avec le même bleu, mais que le fustet convient mieux pour les nuances d'*olives*.

Chapitre III.

Jaune de gaude.

La gaude (*reseda tuteola*, *Linnée*), croît dans toute l'Europe. Toute la plante, excepté la racine, traitée, pendant environ deux heures, par l'eau bouillante, fournit la couleur jaune. On passe la décoction à travers un tamis de crin, et on l'emploie sur-le-champ, car elle se décompose aisément.

Les alkalis, le muriate de soude, les eaux dures, foncent la nuance de cette décoction; les acides l'éclaircissent : l'alun rend la couleur plus claire et plus vive ; le vitriol vert la fait tourner au brun ; le vitriol de Chypre au jaune verdâtre. La dissolution d'étain éclaircit agréablement la nuance.

Pour teindre le coton en jaune avec la gaude, on alune avec un quart en poids d'alun
bien purgé de fer; on sèche et on lave. On
passe ensuite en mordant de muriate d'étain;
on exprime et on abat dans une décoction
chaude de gaude, où on laisse le coton plongé pendant un quart d'heure environ. On répète les bains autant qu'il est nécessaire, et on
met, dans les derniers, quelques gouttes de
dissolution de potasse, de muriate de soude
ou de verdet-gris, suivant la nuance qu'on
veut obtenir. On emploie depuis une livre jusqu'à deux livres et demie de gaude par livre
de coton. Après le bain, on tord, on évente,
on lave et on sèche.

Si l'on veut un jaune très-foncé, on n'alune
point; on force en gaude avec dissolution de
potasse.

Pour avoir le jaune citron, on alune, et on
teint avec livre de gaude par livre de coton,
et un gros de verdet-gris, délayé dans les
bains.

J'ai trouvé le moyen d'associer le curcuma
à la gaude, comme il suit :
1°. Mordant d'acétate d'alumine ou d'alun,
    avec verdet-gris.

2°. Mordant de muriate d'étain.

5°. Bain de curcuma.

4°. Bains de gaude avec potasse en dissolution, et à petite dose.

Le jaune de gaude résiste assez bien à l'air, à la lumière et au savon : il est réputé de bon teint.

CHAPITRE IV.

Jaune de bois jaune.

Le bois jaune (*morus tinctoria*), croît aux Antilles et à Tabago. Ce bois donne sa couleur à l'eau bouillante. La décoction a une couleur *jaune rouge, foncée.* La décoction doit s'employer peu d'heures après qu'elle a été faite.

La couleur du bois jaune tire plus à l'orangé que celle de la gaude, avec laquelle on la mêle quelquefois.

Le jaune, tiré du bois de ce nom, résiste bien à l'air : on assure encore davantage la couleur par les mordants que l'on emploie avec la gaude, c'est-à-dire, l'alun, le verdet, le sel d'étain, etc.

On peut rendre la couleur du bois jaune très-intense, en lui enlevant le tannin (espèce d'astringent) qu'il contient : il suffit pour cela de jetter , dans la décoction , un peu de colle forte, dissoute dans l'eau. On doit cette observation à M. Chaptal. (*Mémoires de l'Institut*).

Du reste , on teint , avec le bois jaune , comme avec la gaude : on observera seulement qu'une ou deux parties de bois suffisent pour cinq parties de coton.

CHAPITRE V.

Jaune de quercitron.

Le quercitron, ou chêne jaune des Anglais, croît en Amérique. On n'emploie que l'écorce de ce chêne , de laquelle il faut séparer l'épiderme , qui bruniroit la couleur jaune. On assure qu'une partie de poudre de cette écorce, équivaut à huit , et même dix parties de gaude , et à quatre de bois jaune.

On tire la couleur de quercitron par l'infusion à l'eau *chaude.*

Pour teindre le coton avec le quercitron , on alune avec de l'alun bien pur , ou mieux, avec l'acétate d'alumine ; on donne le mordant de sel d'étain, et on abat dans l'infusion , à une température de trente à trente-cinq degrés. On y tient le coton plongé jusqu'à ce que le bain commence à se refroidir, et on répète les bains au besoin. On exprime ensuite, on évente, on lave et on sèche.

Comme la poudre de quercitron est souvent altérée par des poudres ligneuses étrangères, les teinturiers ne se soucient pas de l'employer, et leur répugnance est bien fondée. D'ailleurs le commerce fournit peu de cette substance.

CHAPITRE VI.

Jaune de peuplier.

Dambourney avoit trouvé le moyen de donner aux laines et lainages une belle couleur jaune, au moyen de l'écorce et des jeunes branches du peuplier d'Italie ou de Virginie.

A l'aide des mordants convenables, je suis parvenu à fixer, assez solidement, cette couleur sur le coton.

Mon procédé est fort simple. J'engalle avec deux onces de noix de galle *blanche*, par livres de coton ; je passe en muriate d'étain

à cinq degrés de l'aréomètre, ou dans la dissolution nitro-muriatique d'étain, au même
degré.

L'un ou l'autre de ces mordants suffit seul
pour donner un très-beau jaune, en tenant le
coton plongé, pendant un quart d'heure environ, dans la décoction de peuplier passée au
tamis. On répète les bains au besoin.

Si l'on veut un jaune doré superbe, mais
plus clair, on se contente d'aluner, et de passer en mordant de sel d'étain, avant de teindre. L'alun doit être très-pur.

On modifie la nuance par les mordants dont
il a été parlé pour la gaude.

Le jaune du peuplier est beaucoup plus
éclatant que celui de la gaude, et offre la
même résistance à l'air, à la lumière et au
savon.

Il est encore beaucoup d'autres substances
végétales qui pourroient fournir la couleur
jaune; mais, outre qu'il seroit presque impossible de se les procurer en quantité suffisante, les couleurs qu'on en tire n'ont aucune
solidité, même en employant le secours de
tous les mordants connus.

Chapitre VII.

Jaune par le fer. — Jaune de rouille.

Chaptal, (*Ann. de Chim. , tom.* 26, *p.* 271,) a proposé, pour obtenir ces sortes de jaunes, de passer alternativement le coton d'une dissolution de sulfate de fer à trois degrés dans une lessive de potasse, à deux degrés, sur laquelle on verse de la dissolution d'alun jusqu'à saturation. On laisse séjourner le coton pendant quatre ou cinq heures dans le bain ; on retire, on exprime, on lave et on fait sécher.

Je préfère employer l'eau de chaux et le sulfate de fer rouge.

On passe d'abord le coton en eau de chaux, puis dans un bain d'eau pure où l'on a versé quelques gouttes de vitriol rouge, préparé comme nous l'avons dit ailleurs.

De cette manière, j'obtiens toutes les nuances de jaune, depuis le nankin le plus foible, jusqu'au jaune le plus foncé. Pour avoir ces dernières nuances, on augmente la proportion de vitriol rouge, et l'on répète les passages alternatifs un plus grand nombre de fois. Un ou deux bains suffisent pour les nuances foibles, et trois ou quatre pour les plus fortes. On exprime, on évente pendant quelques instants ; on lave et on sèche.

On donne plus de moëlleux et plus de beauté à la couleur, en l'avivant dans une légère eau de savon.

Le procédé dont on vient de parler donne des nuances de nankin qui approchent plus ou moins de celle du nankin des Indes ; mais elles sont inférieures à cette dernière qui porte avec elle un œil roux ou rougeâtre, très-estimé des fabricants.

Je suis parvenu à imiter parfaitement le nankin des Indes, soit pour la nuance, soit pour la solidité, au moyen du procédé suivant, que j'ai fait connoître depuis long-temps dans mes cours de teinture.

1°. Débouilli à l'eau pure.

2°. Bain d'eau de chaux.

3°. Bain de forte décoction de tan.

4°. Avivage (au besoin) dans une dissolution de muriate d'étain, à un degré environ de l'aréomètre de Baumé, suivant la nuance que l'on veut obtenir.

Six ou huit onces de tan suffisent par livre de coton.

La décoction de bois d'acajou, employée
seule, ou combinée avec celle de tan, dans
la proportion d'une partie d'acajou sur quatre parties de tan, fournit aussi des nankins
très-agréables qui, comme les premiers, résistent au savon et aux acides.

SECTION CINQUIÈME.

DU FAUVE.

Le brou de noix, la racine de noyer, le
sumac, l'écorce d'aulne, la noix de galle,
etc., servent à produire des couleurs fauves,
estimées sur les laines, mais dont on ne fait
point usage sur le coton.

Le fauve, déposé sur le coton, par l'engallage, peut servir, comme nous n'en doutons
pas, à modifier les couleurs, et à leur donner une teinte plus ou moins rembrunie, suivant que l'on emploie de la galle noire, de

la galle blanche, du sumac, etc. ; mais ces divers astringents n'agissent ici que comme des auxiliaires auxquels on a recours pour déterminer une nuance particulière.

SECTION SIXIÈME.

DU NOIR.

Il n'est point de couleur dont on ait autant multiplié les recettes. On en trouve un grand nombre dans les Auteurs qui ont écrit sur la teinture, et les ateliers pourroient en fournir bien davantage encore.

Les uns, persuadés que le noir ne peut résulter que de la réunion de plusieurs autres couleurs, ont donné des méthodes où l'on associe en effet le bleu de l'indigo, le fauve de la galle, le violet et le bleu du bois de Campêche, le rouge de la garance, et le jaune de la gaude.

On peut en juger par le procédé suivant, que j'emprunte de l'ouvrage de Pileur d'Apligny.

1°. Et après le débouilli, engallage.

2°. Alunage.

3°. Bain de gaude.

4°. Bain de bois d'Inde avec un huitième de sulfate de cuivre.

5°. Bain de garance.

6°. Avivage au savon bouillant.

Il est heureux que l'Auteur n'ait pas exigé en outre que le coton fut *piété* en bleu, comme d'autres ont grand soin de le recommander, si l'on veut, disent-ils, avoir un noir solide.

Quand le noir, exécuté par ce procédé, ou autres semblables, seroit aussi beau et aussi solide qu'on le prétend, toujours est-il constant qu'il entraîne des frais si considérables, qu'il ne peut être pratiqué dans les ateliers.

D'autres ont cru pouvoir s'ouvrir une route plus facile, et proposent la méthode suivante:

1°. Passer le coton alternativement, et quatre fois de suite, dans une forte décoction de sumac ou de galle, puis dans une dissolution de sulfate de fer (vitriol vert), à quinze degrés de l'aréomètre.

2°. Donner à la suite un bain de Campêche avec acétate de cuivre ou verdet-gris.

3°. Enfin, passer dans une légère décoction de gaude.

J'ai constamment remarqué que les cotons teints en noir, par ce procédé, étoient secs, cassants, rudes au toucher, et prenoient à l'air un œil rouge ou roux très-désagréable. Il falloit donc chercher un procédé qui pût donner, par des moyens simples et d'une prompte exécution, un noir solide, brillant et économique.

Ce procédé, dont on doit la première idée à M. Bosc, membre de l'ancien Tribunat (*Ann. des Manufactures et des Arts*, d'Oreilly, *tom.* 5, *pag.* 37.), je crois l'avoir rencontré dans l'emploi convenable du pyrolignite de fer, associé au simple mordant de noix de galle.

Voici ma méthode à-peu-près telle que je l'ai publiée dans mon *Mémoire sur la teinture du coton en noir par le pyrolignite de fer.*

Le coton étant décreusé et bien sec, on engalle à raison de deux à trois onces de noix de galle par livre de matière. On y travaille bien le coton et on le laisse tremper quelques minutes ; on relève, on exprime et on évente un moment : on passe ensuite dans un bain tiède de pyrolignite de fer, à cinq ou six degrés de l'aréomètre ; on y tient le coton plongé jusqu'à ce que le bain commence à refroidir. On relève, etc. On répète deux fois de suite les mêmes opérations, en *recrutant* le bain de galle et celui de pyrolignite, c'est-à-dire, en y ajoutant de nouvelles matières, de manière à n'employer que cinq onces de galle et seize onces de pyrolignite, à cinq ou six degrés, par livre de coton. On lave, on évente, on avive ensuite au savon, on lave et on sèche.

On donne encore plus de brillant à la couleur, en passant le coton, bien lavé de sa teinture, dans un bain d'eau tiède, auquel on ajoute deux gros environ d'huile d'olive par livre de coton.

L'expérience m'a appris que la noix de galle est le seul astringent qui puisse donner un beau noir avec le pyrolignite de fer. L'écorce d'aulne, le sumac et le tan donnent un noir moins beau et moins solide.

Enfin, il est utile de sécher du moins après le premier bain de galle.

Ce procédé de noir, qui n'exige point que le coton soit piété en bleu, comme le vou-

loit

loit M. Bosc, me semble l'emporter sur tous les autres, par la simplicité des opérations, par l'économie en temps et en ingrédients, par la richesse et la solidité de la couleur qui résiste parfaitement aux acides foibles, à l'air, à la lumière et au savon (1).

---

(1) Voici de quelle manière s'exprime à ce sujet la Société d'encouragement pour l'industrie nationale, séante à Paris, dans son Bulletin, sixième année, n°. XL, Octobre 1807:

» M. Vitalis a le mérite d'avoir rendu l'usage de l'a-
» cide pyroligneux plus abondant, en l'appliquant à la
» teinture en noir du fil et du coton filé. Cette pratique
» est suivie aujourd'hui dans les ateliers de Rouen, où
» l'on donne, aux étoffes de coton noires qui servent pour
» vêtement de deuil, et pour lesquelles nous étions autre-
» fois tributaires des hollandais, une teinture solide et
» économique, au moyen du pyrolignite de fer. Cette
» couleur se conserve très-long-temps, et ne rougit point
» comme les noirs ordinaires. «

Le même procédé a reçu l'approbation des Académies de Lyon et de Caen; il a obtenu la *mention honorable*, dans la soixante-dix-neuvième séance publique de l'A-thenée des arts de Paris; il a valu, en grande partie, à l'Auteur, la médaille d'or qui lui a été décernée par la Société libre d'émulation de Rouen, dans sa séance pu-blique du 9 Juin 1808.

J'ai fait voir depuis, dans différents Mémoires lus à

SECTION SEPTIÈME.

DES COULEURS COMPOSÉES.

On donne le nom de couleurs *composées* à celles qui résultent de l'union de plusieurs des couleurs simples qui nous ont occupé jusqu'ici, c'est-à-dire, le bleu, le rouge, le jaune, le fauve et le noir. Le vert, par exemple, qui se forme par le mélange du bleu et du jaune, est une couleur composée.

CHAPITRE PREMIER.

Mélange du noir et du blanc, ou des gris.

Les nuances de gris sont très-variées. On distingue particuliérement le gris de maure, le gris de fer, le gris d'ardoise, le gris d'épine, le gris d'agathe, le gris de perle, le gris de souris, le gris américain, le gris d'Amiens, le gris blanchet, etc.

Les gris de maure, de fer et d'ardoise, sont

---

l'Académie de Rouen, que le même procédé réussissoit également bien sur les laines, et sur-tout sur la soie : il s'applique aussi parfaitement à l'impression des toiles, et à la teinture des velours.

plus beaux et plus solides lorsque le coton a été piété en bleu. On ne donne point de bleu aux autres.

Le procédé général pour faire les gris, consiste à passer alternativement le coton, non engallé, pour les nuances foibles, et légèrement engallé, pour les nuances foncées, dans des baquets remplis d'eau chaude, et où l'on verse une quantité convenable, que l'expérience fait aisément connoître, de dissolution de vitriol vert, ou mieux, de pyrolignite de fer, et dans une décoction de bois d'Inde. On travaille les cotons, livre à livre, on évente, on lave et on sèche.

Les gris sur coton non engallé, et faits au bois de campêche, sont de petit teint.

Ils sont de bon teint lorsque le coton est engallé, et qu'on y emploie la garance au lieu de bois d'Inde.

Nous allons donner quelques exemples qui suffiront pour guider le teinturier.

Gris blanchet.

1°. Engallage foible.
2°. Bain tiède de sulfate de zinc. (Vitriol blanc.)

Autre gris blanchet.

1°. Engallage foible.

2°. Bain d'eau de chaux, répété au besoin.

Autre gris blanchet.

1°. Bain foible de potasse.

2°. Bain léger de pyrolignite de fer.

Gris de souris.

1°. Petit fond de noix de galle.

2°. Bain de sulfate ou de pyrolignite de fer, (Ce dernier à un degré au plus de l'aréomètre) avec deux gros d'alun par livre de coton.

Gris d'ardoise.

1°. Léger pied de bleu.

2°. Bain de campêche et de sumac.

3°. Bain de vitriol vert et de vitriol bleu, à parties égales, (deux gros environ) par livre de coton.

Gris de perle.

1°. Bain de campêche et de sumac.

2°. Bain de sulfate ou de pyrolignite de fer.

3°. Bain très-foible de gaude, avec alun.

Gris d'Amiens, ou bleuâtre.

Bain de bois d'Inde, avec acétate de cuivre.

Gris verdâtre.

Bois d'Inde ; puis bois jaune, avec acétate de cuivre.

Gris américain.

Bain plus que tiède, avec bois jaune ; décoction foible de noix de galle et alun.

Quand le coton est bien monté, on le relève, et on ajoute peu-à-peu, au bain, une foible quantité de vitriol vert, fondu dans de la décoction de bois d'Inde : on rabat, on lise bien, ou on tord ; on évente, on lave et on sèche.

Pour donner de la solidité aux gris, on se réglera sur l'exemple qui suit.

1°. Engallage.

2°. Bain, plus ou moins foible, de sulfate ou de pyrolignite de fer.

3°. Garançage.

En variant les proportions des ingrédients, il sera facile au teinturier d'obtenir toutes les nuances qu'il pourra désirer.

CHAPITRE II.

Mélange du bleu et du jaune, ou du vert.

On ne produit le vert solide, en teinture, que par le mélange du bleu et du jaune.

On distingue plusieurs sortes de nuances de

vert ; savoir , le vert jaune , le vert naissant , le vert gai , le vert d'herbe, le vert de laurier , le vert molequin, le vert brun , le vert de mer , le vert céladon , le vert de perroquet , le vert de chou , le vert bouteille , le vert pomme , le vert canard , etc.

On teint d'abord en bleu , puis en jaune , afin d'éviter que le bleu ne salisse les vêtements. Le pied de bleu doit être proportionné à la nuance de vert que l'on veut produire : ainsi on donne un bleu foncé pour le vert canard ; un bleu-de-ciel pour le vert perroquet ; un bleu blanchi pour le vert naissant , etc.

On teint ensuite en jaune, soit avec la gaude , soit avec le bois jaune, tantôt séparément, tantôt confondus dans le même bain , suivant la nuance que l'on veut avoir. On emploie aussi quelquefois la potasse, le verdet-gris, ou l'alun, dans le bain de jaune.

Les jaunes sont de petit teint ou de bon teint, suivant que le pied de bleu est lui-même de petit teint ou de bon teint.

Verts petit teint.

1°. Bain de bois d'Inde, plus ou moins fort , avec un ou deux gros de verdet-gris par livre de coton.

2°. Bains répétés de gaude, ou de bois jaune, avec verdet-gris.

Les bains doivent être chauds. Nous remarquerons aussi qu'on fait mieux le vert à l'échantillon, en passant d'abord au bain de gaude, et en ajoutant peu-à-peu, au bain, de la décoction de bois d'Inde.

Vert bouteille.

On donne un bon fond de rocou ou de sumac ; puis on se conduit comme on vient de le dire.

Vert américain.

1°. Bain de bois d'Inde , avec sulfate ou pyrolignite de fer.

2°. Bain de gaude ou de bois jaune , avec un peu d'alun et de muriate d'étain.

Vert de Saxe.

1°. Bleu de Saxe.

2°. Bain jaune avec gaude , bois jaune ou curcuma.

Verts bon teint.

1°. Pied de bleu plus ou moins fort, sur la cuve *à froid*. Les bleus de cuve à chaud sont moins favorables aux verts, qui alors sont toujours plus ternes.

I 4

2°. Bains répétés de bois jaune ou de gaude, avec verdet-gris.

Un peu d'habitude et d'expérience apprendra aisément à modifier le bleu et le jaune, de manière à pouvoir obtenir toutes les nuances.

Les verts bon teint s'avivent au savon.

Chapitre III.

Mélange du gris et du jaune, ou de la couleur olive.

A la suite des verts se placent naturellement les gris-verdâtres et les gris-jaunâtres, ou les couleurs *olives*. Ces couleurs font un bel effet sur le coton, et sont de petit teint ou de bon teint, suivant les ingrédients qui entrent dans leur composition. Voici le procédé général qu'il suffira d'indiquer.

Couleurs olives.

1°. Engallage. (Une ou deux onces de galle ou de sumac par livre de coton.)

2°. Bain, plus ou moins fort, de sulfate ou de pyrolignite de fer, c'est-à-dire, à deux degrés au plus pour le premier sel, et un degré au plus pour le second.

3°. Bains de gaude ou de bois jaune, avec

verdet-gris. (Un gros ou deux par livre de matière.)

4°. Léger avivage au savon.

On modifie les nuances, en ajoutant, aux bains de gaude, de l'alun, du verdet, ou du muriate d'étain.

Couleur merdoie.

1°. Léger pied de bleu.

2°. Engallage. (Une once de galle par livre de coton.)

3°. Alunage, même dose.

4°. Bains de gaude, avec un quart de livre de garance.

5°. Léger avivage au savon.

Chapitre IV.

Mélange du bleu et du rouge.

Le mélange du bleu et du rouge donne plusieurs couleurs très-agréables, dont les principales sont le violet, le lilas, le prune de monsieur, le palliacat, le mordoré, le giroflée, etc., etc. Toutes ces couleurs peuvent être de petit teint, de bon teint ou de grand teint.

Violet, petit teint.

Bains répétés et frais, de bois d'Inde, avec

alun. (Une once environ par livre de coton).

La décoction de bois d'Inde doit être chaude, et faite dans la proportion de quatre à six onces par livre de matière à teindre.

On ne lave point ces violets, qui ont peu de solidité ; le mordant d'étain leur en donne un peu davantage. On passe alors le coton débouilli dans la dissolution nitro-muriatique de ce métal, dont nous avons enseigné ailleurs la préparation.

Violet, bon teint.

1°. Engallage. (Dix-huit à vingt livres de galle pour cent de coton.)

2°. Passer à chaud dans un mordant, composé comme il suit.

Alun, dix livres.

Vitriol vert, douze livres, ou pyrolignite de fer à un demi-degré.

Vitriol bleu, cinq ou six livres.

Eau, cent-cinquante pintes.

Y travailler le coton, le laisser tremper un quart d'heure, relever, exprimer, éventer, rabattre ; relever ensuite, exprimer, tordre, laver du mordant.

3°. Garancer avec poids égal de garance.

4°. Avivage au savon. En avivant à l'eau de soude, on a la couleur *pruneau.*

En variant les doses des matières qui composent le mordant , on obtient des nuances aussi très-variées.

Violet , grand teint.

Débouilli.

Bain de fiente.

Deux bains blancs.

Deux sels. (On peut les supprimer.)

Dégraissage.

Engallage.

Mordant , comme pour le violet bon teint.

Garançage, avec une livre et demie de garance.

Avivage, avec vingt ou vingt-cinq livres de savon pour cent de coton. En avivant à l'eau de soude , on auroit la couleur *pruneau.*

Lilas , petit teint.

Bain foible de campêche , avec une once d'alun , et une demi-once de verdet-gris par livre de coton.

Lilas , bon teint.

1°. Passer le coton dans le mordant suivant , pour cent de coton.

Vitriol vert, six livres , ou pyrolignite de fer à un quart de degré.

Vitriol bleu , trois livres.

Alun, deux livres.

Eau, cent-cinquante pintes.

2º. Garançage et avivage ordinaires, mais plus foibles.

Lilas, grand teint.

1º. Apprêts comme pour le violet grand teint, mais sans engallage.

2º. Mordant du lilas bon teint.

3º. Garançage et avivage.

Procédé nouveau pour teindre en lilas.

On peut aussi donner au coton une jolie couleur *lilas*, mais moins solide que la précédente, en le passant d'abord dans une dissolution muriatique d'étain, puis dans une dissolution nitro-muriatique d'or.

Dissolution muriatique d'étain.

Prenez Étain fin, effilé, une partie.

Acide muriatique concentré, ou fumant, trois parties.

Mettez ces matières dans une grande phiole à médecine, fermée d'un petit cornet de papier, et que vous chaufferez, au bain de sable, jusqu'à ce que l'étain soit entièrement dissous :

laissez refroidir la liqueur, et décantez-la ensuite dans un flacon qui ferme assez bien
pour la dérober au contact de l'air.

Dissolution nitro-muriatique d'or.

Dans une phiole, mêlez une once d'acide
nitrique pur, à trente degrés, avec une once
d'acide muriatique pur et concentré ; versez,
sur or fin ou de coupelle, un demi-gros :
chauffez au bain de sable, jusqu'à parfaite
dissolution du métal, et conservez dans un
flacon.

Procédé de teinture.

Etendez une certaine quantité de dissolution
d'étain, (quatre gros, par exemple,) dans
soixante-quatre fois son poids d'eau pure ou
de pluie ; et après avoir abreuvé une pente
de coton du poids de quatre onces et bien
débouilli, amené même presque au blanc,
passez-la avec soin dans la liqueur, en la
lisant au commencement. Abattez ensuite, et
foulez pendant huit à dix minutes ; relevez,
tordez à la main, et passez sur-le-champ dans
un second bain, composé de deux gros de dissolution d'or, que vous aurez aussi étendue de

soixante-quatre fois son poids d'eau pure. Lisez-bien d'abord, abattez ensuite, foulez légèrement, et plongez la pièce dans la liqueur, où vous la laisserez environ une petite demi-heure, ou jusqu'à ce que la couleur ne monte plus. Relevez, tordez, lavez à l'eau pure et séchez à l'air. Si la couleur ne vous paroît pas assez brillante, passez dans une eau de savon très-légère et bien chaude.

Cette couleur, bien exécutée, est très-fine, et résiste bien aux savonnages ordinaires et aux acides foibles, tels que le vinaigre, par exemple. Toute la difficulté consiste à bien unir la couleur, et c'est pour cette raison que nous avons recommandé de bien liser et de bien fouler le coton dans chacune des dissolutions métalliques.

La dissolution d'étain ne doit se préparer qu'au moment, pour ainsi dire, où on veut l'employer. Frappée par l'air, elle perdroit, en quelques jours, la propriété de donner, avec la dissolution d'or, le précipité qu'on se propose de fixer sur le coton.

Il n'en est pas de même de la dissolution d'or que l'on peut faire d'avance, et en telle quantité qu'on jugera convenable.

Les dissolutions d'étain et d'or qui ont servi à teindre une première fois, ne peuvent plus être d'aucun usage dans les opérations que l'on veut faire sur de nouveau coton. On doit donc faire des bains neufs pour chaque pente de coton.

Palliacat, petit teint.

1°. Engallage.

2°. Mordant de dissolution nitro-muriatique d'étain.

3°. Bain chaud, avec deux parties de décoction de brésil, et une partie de décoction de campêche.

Palliacat, bon teint.

1°. Engallage ordinaire, à raison de quatre onces par livre.

2°. Mordant avec pyrolignite de fer, à trois quarts de degré, ou vitriol vert, douze livres ; alun, six livres.

3°. Garançage et léger avivage au savon.

Palliacat, grand teint.

1°. Apprêts huileux, comme pour le violet grand teint. On peut cependant supprimer les sels, mais on conserve l'engallage.

2°. Mordant, comme pour le palliacat bon teint.

3°. Garançage et avivage.

En variant, dans le mordant de palliacat, les proportions de vitriol vert, ou d'alun, on obtient le mordoré ou le giroflée.

Je compose le mordant, pour mordoré ou palliacat rougeâtre, avec

      Alun, ... 6 liv. pour cent de coton.

      Vitriol vert, . . 3

      Vitriol bleu, . . 1

Et celui de giroflée, avec

      Alun , ... 8 liv.

      Vitriol vert, ... 25

      Acétate de plomb , 4

Palliacat rouge très-clair. (Couleur hortensia).

1°. Débouilli.

2°. Bain de fiente.

3°. Bain blanc.

4°. Bain blanc.

      Trente livres d'huile suffisent pour ces trois bains.

5°. Un sel à trois degrés.

6°. Engallage très-foible, d'une once de gallé par livre de coton.

                      7°. Mordant

7°. Mordant , avec

     Alun , ...18 l. 12 onc. pour 100 de cot.

     Vitriol vert. 2   4

     Eau , cent-cinquante pintes.

    Bien laver du mordant.

8°. Garançage , avec une livre et demie de garance.

9°. Avivage , avec vingt-cinq livres de savon.

10°. Rosage , avec vingt-cinq livres de savon et une livre de sel d'étain.

La couleur est plus claire sans galle , mais aussi elle est moins solide.

Prune de monsieur.

Cette couleur ne se fait bien que petit teint , comme il suit.

1°. Engallage.

2°. Mordant de dissolution nitro-muriatique d'étain.

3° Bains composés , à parties égales , de décoction de brésil et de campêche.

Chapitre IV.

Mélange du rouge et du jaune.

De ce mélange résultent l'aurore , le souci, l'orangé, les mordorés, la capucine, le carmélite , etc.

K

Toutes ces couleurs ne se font guère qu'en petit teint : en voici les procédés.

Aurore.

Bains de rocou avec un peu de dissolution d'alun ou de muriate d'étain.

Je fais un aurore bon teint, en dégradant le rouge des Indes par l'acide nitrique, assez étendu d'eau, pour ne marquer que seize ou dix-huit degrés à l'aréomètre. On laisse tremper le coton, à froid, dans cette liqueur, jusqu'à nuance désirée. On relève, on lave avec soin, et on sèche. Le coton est un peu attendri.

Orangé.

Jaune de gaude ou de bois, sur rouge foncé de brésil.

Souci.

Jaune sur rouge clair.

Capucine.

Olive clair sur rose.

Carmélite.

Bains de rocou sur coton engallé, et passé ensuite en mordant ferrugineux.

Mordoré.

Jaune clair sur rocou.

Presque toutes ces couleurs peuvent se faire en bon teint , en employant le rouge de garance , au lieu de celui qu'on tire du rocou ou du bois de brésil.

CHAPITRE VI.

Mélange du rouge et du fauve.

On tire de ce mêlange le canelle , le chamois , les couleurs de tabac , de châtaigne , de musc , de poil d'ours , etc.

Canelle.

Rouge sur gris clair.

Chamois.

Eau de chaux , et vitriol rouge.

En donnant plus ou moins de rouge , et des gris plus ou moins forts , on obtiendra aisément les autres couleurs de cet article.

CHAPITRE VII.

Couleurs diverses.

Ponceau.

Bains de safranum sur pied de rocou.

Puce.

Mordant de ferraille sur coton aluné ; puis garançage.

Bronze.

Jaune sur violet.

Feuille morte.

Jaune sur violet clair.

Brun.

Rouge de garance sur fort gris.

Couleur de bois.

Bains de rouge et de jaune sur gris clair.

Brun de café.

Rouge sur olive clair.

Marron.

Rouge sur olive foncée, rabattu en jaune.

Noisette.

Rouge clair sur nankin.

Savoyard.

Rouge et jaune sur gris foncé.

Vigogne.

1°. Bain léger de galle et de pyrolignite de fer.

2°. Bain foible de gaude, mêlé d'un peu de rocou.

SECTION HUITIÈME.

TEINTURE DU FIL DE LIN, OU DE CHANVRE.

Tous les procédés que nous avons exposés jusqu'à présent pour teindre le coton filé, s'appliquent également à la teinture du fil de lin ou du fil de chanvre. On peut donner, à l'un ou à l'autre de ces fils, des couleurs de petit teint, de bon teint, ou même de grand teint.

Ce genre de teinture exige cependant quelques attentions particulières.

1°. Il faut donner deux débouillis de suite, et même un peu plus forts que pour le coton : on laisse aussi bouillir plus long-temps. Les fils d'un blanc parfait prennent aussi des couleurs plus vives.

2°. Tous les mordants doivent être appliqués en proportion un peu plus grande ; leur température doit être plus élevée, leur action plus long-temps continuée, et même plus souvent répétée, du moins pour certaines couleurs.

3°. Ce que nous venons de dire doit s'entendre particulièrement de la teinture des fils de lin et de chanvre en rouge d'Andrinople. On doit ici préférer la marche en jaune ; multiplier les bains d'huile et les sels ; mettre plus d'intervalle entre chacun d'eux ; avoir soin surtout d'en bien imprégner le fil, et de le faire sècher parfaitement. Il faut aussi remonter plusieurs fois sur galle.

Des essais faits d'après ces principes, m'ont assez bien réussi, et il est à présumer qu'on obtiendroit du succès dans le travail en grand. Les ficelles qui servent à unir les pentes de coton, et qui ont passé plusieurs fois dans les apprêts que le coton a reçus, sortent du bain de garance avec un ton passable de couleur.

Mais on ne peut augmenter le nombre des apprêts et des manipulations, sans accroître en même-temps la dépense ; et cette considération puissante a forcé, jusqu'à ce moment, les teinturiers de n'appliquer qu'au coton le procédé du rouge d'Andrinople. Nous ne connoissons aucun atelier en France, et même dans l'étranger, où ce genre de teinture soit pratiqué.

F I N,

TABLE
DES MATIÈRES.

(152)

SECONDE PARTIE.

DES OPÉRATIONS DE LA TEINTURE, 43

(154)

FIN DE LA TABLE.

A Rouen. De l'Imprimerie de N. HERMENT,
rue Nationale, n°. 24.